高等职业院校学生专业技能考核标准与题库

建筑室内设计

莫 钧 刘 盛 吕 宙 等编著

湖南大学出版社

内 容 简 介

本书为高等职业院校学生专业技能考核标准与题库之一。主要内容分两个部分：第一部分为建筑室内设计专业技能考核标准，第二部分为建筑室内设计专业技能考核题库。

图书在版编目（CIP）数据

建筑室内设计／莫钧等编著.—长沙：湖南大学出版社，2020.1
（高等职业院校学生专业技能考核标准与题库）
ISBN 978-7-5667-1831-0

Ⅰ．①建… Ⅱ．①莫… Ⅲ．①室内装饰设计—高等职业教育—习题集　Ⅳ．①TU238.2-44

中国版本图书馆CIP数据核字（2019）第269445号

高等职业院校学生专业技能考核标准与题库
建筑室内设计
JIANZHU SHINEI SHEJI

编　　著：莫　钧　刘　盛　吕　宙　等				
责任编辑：贾志萍		责任校对：尚楠欣		
印　　装：长沙市昱华印务有限公司				
开　　本：787mm×1092mm　16开		印张：12.75　字数：311千		
版　　次：2020年1月第1版		印次：2020年1月第1次印刷		
书　　号：ISBN 978-7-5667-1831-0				
定　　价：39.80元				

出 版 人：雷　鸣
出版发行：湖南大学出版社
社　　址：湖南·长沙·岳麓山　　邮编：410082
电　　话：0731-88822559（发行部），88821593（编辑室），88821006（出版部）
传　　真：0731-88649312（发行部），88822264（总编室）
网　　址：http://www.hnupress.com
电子邮箱：pressluosr@hnu.cn

高等职业院校学生专业技能考核标准与题库

编　委　会

主任委员：应若平

委　　员：马于军　王江清　王运政　方小斌
　　　　　史明清　刘国华　刘彦奇　李　斌
　　　　　余伟良　陈剑旄　姚利群　戚人杰
　　　　　彭　元　彭文科　舒底清

本册主要研究与编著人员

莫　钧（湖南科技职业学院）　　　　刘　盛（湖南科技职业学院）

吕　宙（湖南科技职业学院）　　　　吴志强（湖南科技职业学院）

陈福群（湖南科技职业学院）　　　　刘郁兴（湖南工业职业技术学院）

陈卓勋（长沙环境保护职业技术学院）　傅忠诚（湖南中诚建筑装饰工程有限公司）

李晓慧（鸿扬家装集团）

总　序

　　当前,我国已进入深化改革开放、转变发展方式、全面建设小康社会的攻坚时期。加快经济结构战略性调整,促进产业优化升级,任务重大而艰巨。要完成好这一重任,不可忽视的一个方面,就是要大力建设与产业发展实际需求及趋势要求相衔接的、高质量有特色的职业教育体系,特别是大力加强职业教育基础能力建设,切实抓好职业教育人才培养质量工作。

　　提升职业教育人才培养质量,建立健全质量保障体系,加强质量监控监管是关键。这就首先要解决"谁来监控"、"监控什么"的问题。传统意义上的人才培养质量监控,一般以学校内部为主,行业、企业以及政府的参与度不够,难以保证评价的真实性、科学性与客观性。而就当前情况而言,只有建立起政府、行业(企业)、职业院校多方参与的职业教育综合评价体系,才能真正发挥人才培养质量评价的杠杆和促进作用。为此,自2010年以来,湖南职教界以全省优势产业、支柱产业、基础产业、特色产业,特别是战略性新兴产业人才需求为导向,在省级教育行政部门统筹下,由具备条件的高等职业院校牵头,组织行业内的知名企业参与,每年随机选取抽查专业、随机抽查一定比例的学生。抽查结束后,将结果向全社会公布,并与学校专业建设水平评估结合。对抽查合格率低的专业,实行黄牌警告,直至停止招生。这就使得"南郭先生"难以再在职业院校"吹竽",从而倒逼职业院校调整人、财、物力投向,更多地关注内涵和提升质量。

　　要保证专业技能抽查的客观性与有效性,前提是要制订出一套科学合理的专业技能抽查标准与题库。既为学生专业技能抽查提供依据,同时又可引领相关专业的教学改革,使之成为行业、企业与职业院校开展校企合作、对接融合的重要纽带。因此,我们在设计标准、开发题库时,除要考虑标准的普适性,使之能抽查到本专业完成基本教学任务所应掌握的通用的、基本的核心技能,保证将行业、企业的基本需求融入标准之外,更要使抽查标准较好地反映产业发展的新技术、新工艺、新要求,有效对接区域产业与行业发展。

　　湖南职教界近年探索建立的学生专业技能抽查制度,是加强职业教育质量监管,促进职业院校大面积提升人才培养水平的有益尝试,为湖南实施全面、客观、科学的职业教育综合评价迈出了可喜的一步,必将引导和激励职业院校进一步明确技能性人才培养的专业定位和岗位指向,深化教育教学改革,逐步构建起以职业能力为核心的课程体系,强化专业实践教学,更加注重职业素养与职业技能的培养。我也相信,只要我们坚持把这项工作不断完善和落实,全省职业教育人才培养质量提升可期,湖南产业发展的竞争活力也必将随之更加强劲!

　　是为序。

郭开朗

2011年10月10日于长沙

目　次

第一部分　建筑室内设计专业技能考核标准

第二部分　建筑室内设计专业技能考核题库

第一部分　建筑室内设计专业技能考核标准

一、考核对象

本标准适用于高等职业院校建筑室内设计专业三年一期在校学生（全日制）。

二、考核目标

本专业技能考核的目标如下：通过设置室内设计CAD制图、室内设计创意与表现、室内陈设设计表现三个模块，测试学生的设计识图能力、设计创意能力、室内空间规划组织能力、装饰材料与施工工艺运用能力、制图（作图）操作规范能力、设计思路表达能力以及考查学生从事室内设计工作的安全意识、成本意识等综合职业素养；引导学校加强专业教学基本条件建设，深化课程教学改革，强化实践教学环节，增强学生创新创业能力，促进学生个性化发展，提高专业教学质量和专业办学水平，培养适应建筑装饰产业发展需要的建筑室内设计高素质技术人才。

三、考核内容

技能考核内容包含室内设计CAD制图、室内设计创意与表现、室内陈设设计表现三个模块，前两个模块均设置了两个典型工作项目，第三个模块设置了一个典型工作项目。室内设计创意与表现模块测试方式为手绘，室内设计CAD制图模块与室内陈设设计表现模块测试方式为计算机操作。测试时，要求学生能够按照企业的操作规范独立完成，并体现良好的职业精神与职业素养。

（一）专业基本技能——室内设计CAD制图模块

该模块以建筑室内装饰项目绘图任务为背景，主要运用AutoCAD制图技术，完成某一功能空间平面布置图、天花布置图、主要立面图、剖面或节点图以及图纸打印等工作内容。该模块基本涵盖了建筑室内设计岗位从事绘图相关工作所需的基本技能。

1.家居空间设计CAD制图基本要求

（1）能够通过所提供的附图，理解并运用其中相关信息与数据，并对原始建筑结构有相应的认识、了解。

（2）能够按生活空间设计的基本原理与要求进行各个功能区的设计，使设计的空间符合该类型空间的基本尺度和使用面积规范，使功能区的划分满足室内设计的可持续发展要求。

（3）能够进行室内各界面、门窗、家具、灯具、绿化、织物的选型；能够与建筑、结构、设备等相关专业配合协调；完成装修的细部设计；使空间设计符合人体工程学的基本要求，各种功能空间符合业主的使用要求。

（4）能够按照专业制图规范绘制施工图，以《房屋建筑制图统一标准》（GB 50001—

2010）图例为制图标准；使空间改造符合建筑设计标准，使墙体的拆、砌变化有技术指标说明作支撑。

（5）能够合理选用装修材料、设计相关工艺，并能在图纸上标明主要材料和施工工艺。

（6）能够熟练地运用AutoCAD软件展开制图工作，并能准确设置符合打印要求的打印参数，使输出图纸规整、完善。

（7）能够体现良好的工作习惯，并遵守相关技术标准和规范的要求，保护好原有图纸，对图纸精心爱护，避免图纸的丢失、页码混乱；体现良好的知识产权保护意识，不抄袭、仿制已发表或已推广的设计，坚持设计方案的独创性与唯一性；能按程序与相关要求使用计算机及相关设备，工作过程中注意用电安全。

2.公共空间设计CAD制图基本要求

（1）能够通过所提供的附图，理解并运用其中相关信息与数据，并对原始建筑结构有相应的认识、了解。

（2）能够按公共空间设计的基本原理与要求进行各个功能区的设计，使设计的空间符合该类型空间的基本尺度和使用面积规范，使功能区的划分满足室内设计的可持续发展要求。

（3）能够进行室内各界面、门窗、家具、灯具、绿化、织物的选型；能够与建筑、结构、设备等相关专业配合协调；完成装修的细部设计；使空间设计符合人体工程学的基本要求，各种功能空间符合业主的使用要求。

（4）能够按照专业制图规范绘制施工图，以《房屋建筑制图统一标准》（GB 50001—2010）图例为制图标准；使空间改造符合建筑设计标准，使墙体的拆、砌变化有技术指标说明作支撑。

（5）能够合理选用装修材料、设计相关工艺，并能在图纸上标明主要材料和施工工艺。

（6）能够熟练地运用AutoCAD软件展开制图工作，并能准确设置符合打印要求的打印参数，使输出图纸规整、完善。

（7）能够体现良好的工作习惯，并遵守相关技术标准和规范的要求，保护好原有图纸，对图纸精心爱护，避免图纸的丢失、页码混乱；体现良好的知识产权保护意识，不抄袭、仿制已发表或已推广的设计，坚持设计方案的独创性与唯一性；能按程序与相关要求使用计算机及相关设备，工作过程中注意用电安全。

（二）岗位核心技能——室内设计创意与表现模块

该模块以建筑室内装饰项目方案设计任务为背景，主要运用室内设计手绘表现技法，完成某一功能空间平面布局图、手绘效果图等工作内容。该模块基本涵盖了建筑室内设计岗位从事设计相关工作所需的核心技能。

1.家居空间设计基本要求

（1）能够通过所提供的附图，理解并运用其中相关信息与数据，并对原始建筑结构有相应的认识、了解。

（2）能根据正确的设计方法来说明空间所表达的功能性，能够进行室内各界面、门窗、家具、灯具、绿化、织物的选型。

（3）能够正确地使用手绘工具，将设计构思绘制成三维空间透视效果图，使透视准确，色彩搭配合理，材料质感表达清楚，主体突出。

（4）能够合理选用装修材料，采用合适的工艺，在效果图上注明所使用的主要材料和工艺说明，使标注准确，说明清晰。

（5）能够将平面布局图和效果图完整、美观地编排成指定的版面；能将设计方法、元素运用及所表达的设计意图等转换成文字说明，并掌握与客户交流的基本方法和主要内容。

（6）能够体现良好的工作习惯，保护好原有图纸，对图纸精心爱护，避免图纸的丢失、页码混乱；使用完绘图工具后及时整理归位至指定位置，避免出现工作台面脏乱现象；体现良好的知识产权保护意识，不抄袭、仿制已发表或已推广的设计，坚持设计方案的独创性与唯一性。

2.公共空间设计基本要求

（1）能够通过所提供的附图，理解并运用其中相关信息与数据，并对原始建筑结构有相应的认识、了解。

（2）能根据正确的设计方法来说明空间所表达的功能性，能够进行室内各界面、门窗、家具、灯具、绿化、织物的选型。

（3）能够正确地使用手绘工具，将设计构思绘制成三维空间透视效果图，使透视准确，色彩搭配合理，材料质感表达清楚，主体突出。

（4）能够合理选用装修材料，采用合适的工艺，在效果图上注明所使用的主要材料和工艺说明，使标注准确，说明清晰。

（5）能够将平面布局图和效果图完整、美观地编排成指定的版面；能将设计方法、元素运用及所表达的设计意图等转换成文字说明，并掌握与客户交流的基本方法和主要内容。

（6）能够体现良好的工作习惯，保护好原有图纸，对图纸精心爱护，避免图纸的丢失、页码混乱；使用完绘图工具后及时整理归位至指定位置，避免出现工作台面脏乱现象；体现良好的知识产权保护意识，不抄袭、仿制已发表或已推广的设计，坚持设计方案的独创性与唯一性。

（三）跨岗位综合技能——室内陈设设计表现模块

该模块以建筑室内装饰家居空间软装项目为背景，主要运用家具、灯具、饰品等的选型及布置方法和Photoshop、PowerPoint等软件技术，完成某一功能空间陈设效果图及设计内容编排展示等工作任务。该模块基本涵盖了室内设计师岗位从事室内陈设设计工作所需的跨岗位综合技能。

家居空间陈设设计基本要求：

（1）能够通过所提供的附图，理解并运用其中相关信息与数据，并对原始建筑结构有相应的认识、了解。

（2）能够整体把控设计方案的主题、风格、色彩、产品选择及细节、尺寸、面料等选择，使家具、灯具、绿植、饰品、窗帘、地毯等的选型与室内空间准确结合。

（3）能够运用Photoshop CS3，结合设计方案的主题、风格、色彩、产品选择进行家具、灯具、绿植、饰品、窗帘、地毯等软装产品的陈列摆场效果制作。

（4）能将设计方法、元素运用及所表达的设计意图等转换成文字说明，并掌握与客户交流的基本方法和主要内容。

（5）能够运用PowerPoint 2003进行方案效果、设计说明、业主定位、色彩分析、风格定位、效果图等编排展示。

（6）能够体现良好的工作习惯，按程序与相关要求使用计算机及相关设备，工作过程中注意用电安全；有良好的知识产权保护意识，不抄袭、仿制已发表或已推广的设计，坚持设计方案的独创性与唯一性。

四、评价标准

（一）评价方式

本专业考核采取过程考核与结果考核相结合、技能考核与职业素养考核相结合的方法。根据考生操作的规范性、熟练程度和用时量等因素评价过程成绩；根据完成作品的完整性和展示效果等因素评价结果成绩。

（二）分值分配

本专业技能考核满分为100分，其中专业技能评分占90分，职业素养评分占10分。

（三）技能评价要点与评价标准

根据模块中考核项目的不同，重点考核学生对该项目所必须掌握的技能和要求。虽然不同试题的技能侧重点有所不同，但完成任务的工作量和难易程度基本相同。各模块的考核评价要点见表1-1，评价标准分别见表1-2～表1-6。

表1-1　建筑室内设计专业技能考核评价要点

序号	类型	模块	项目	评价要点
1	专业基本技能	室内设计CAD制图	家居空间设计CAD制图 公共空间设计CAD制图	①设计主题突出，界面、家具、陈设等与主题风格协调； ②功能安排合理，流线布置科学，尺度设置合理，光照分布合理； ③图框及标题栏绘制规范，线型运用正确，尺寸及文字标注正确、规范，索引图标规范； ④图层设置规范，线型设计正确、规范，单位设置正确，标注设置规范，比例运用合理； ⑤文字标注准确表示出标注对象的基层、面层、涂层材料，剖面图准确表示出对象的内部构造及工艺处理； ⑥用材合理，用材说明理由充分、思路清晰，文字描述清晰、明确、流畅； ⑦遵守相关职业规范
2	岗位核心技能	室内设计创意与表现	家居空间设计 公共空间设计	①设计主题突出，界面、家具、陈设等与主题风格协调； ②功能安排合理，流线布置科学，尺度设置合理，光照分布合理； ③透视角度选择合理，视觉效果好，能完善地表现空间，家具、陈设等物体的透视关系准确； ④空间内各界面、形体的透视关系准确； ⑤色彩关系明确，色彩搭配协调，整体感强，视觉效果好； ⑥技法运用灵活，笔法成熟，质感表现充分，纹理表现自然，光感表现生动自然，投影处理自然，与物体关系正确； ⑦设计思路与创意过程清晰，设计方法、元素运用及设计意图表达明确，文字说明清晰、流畅； ⑧遵守相关职业规范

续表

序号	类型	模块	项目	评价要点
3	跨岗位综合技能	室内陈设设计表现	家居空间陈设设计	①设计主题突出，陈设整体效果表现突出，效果表现层次突出； ②陈设品选用合理，尺度设置合理，风格搭配合理； ③透视角度选择考究，视觉效果好，能完善地表现空间； ④色彩关系明确，色彩搭配协调； ⑤设计思路与创意过程清晰，设计方法、元素运用及设计意图表达明确，文字说明清晰、流畅； ⑥遵守相关职业规范

表1-2　室内设计CAD制图模块家居空间设计CAD制图项目评价标准

测试点	配分	评分标准	评分方案	得分	小计
一、设计创意	5	1. 整体协调	①设计主题突出，界面、家具、陈设等与主题风格协调，得分：5分（优）		
			②设计主题明显，界面、家具、陈设等设计较为切合主题风格，得分：4分（良）		
			③设计主题基本明确，界面、家具、陈设等与主题风格有基本搭配，得分：3分（中）		
			④设计主题无体现或不明确，界面、家具、陈设等与主题风格搭配混乱，得分：2分及以下（差）		
	10	2. 功能合理	①功能安排合理，流线布置科学，尺度设置合理，光照分布合理，得分：9～10分（优）		
			②功能安排、流线布置、尺度设置合理及光照分布较为合理，得分：7～8分（良）		
			③功能安排、流线布置、尺度设置合理及光照分布基本合理，得分：5～6分（中）		
			④功能安排、流线布置、尺度设置合理及光照分布不合理，得分：4分及以下（差）		
二、图纸绘制规范（规范参照《房屋建筑制图统一标准》）	6	1. 图框及标题栏绘制规范	①图框及标题栏绘制规范，得分：6分（优）		
			②图框及标题栏绘制比较规范，得分：4～5分（良）		
			③图框及标题栏绘制基本规范，得分：3分（中）		
			④图框及标题栏绘制不规范，得分：2分及以下（差）		
	6	2. 线型运用正确	①线型运用正确，得分：6分（优）		
			②线型运用比较正确，得分：4～5分（良）		
			③线型运用基本正确，得分：3分（中）		
			④线型运用不正确，得分：2分及以下（差）		
	6	3. 图例表示正确、规范	①图例表示正确、规范，得分：6分（优）		
			②图例表示正确、比较规范，得分：4～5分（良）		
			③图例表示基本正确、基本规范，得分：3分（中）		
			④图例表示不正确、欠规范，得分：2分及以下（差）		
	6	4. 尺寸及文字标注正确、规范	①尺寸及文字标注正确、规范，得分：6分（优）		
			②尺寸及文字标注正确、比较规范，得分：4～5分（良）		
			③尺寸及文字标注基本正确、基本规范，得分：3分（中）		
			④尺寸及文字标注不正确、欠规范，得分：2分及以下（差）		

续表1

测试点	配分	评分标准	评分方案	得分	小计
	6	5. 索引图标规范	①索引图标规范，得分：6分（优）		
			②索引图标比较规范，得分：4～5分（良）		
			③索引图标基本规范，得分：3分（中）		
			④索引图标不规范，得分：2分及以下（差）		
三、正确运用 AutoCAD 工具与命令	6	1. 图层设置规范	①图层设置规范，得分：6分（优）		
			②图层设置比较规范，得分：4～5分（良）		
			③图层设置基本规范，得分：3分（中）		
			④图层设置不规范，得分：2分及以下（差）		
	6	2. 线型设计正确、规范	①线型设计正确、规范，得分：6分（优）		
			②线型设计正确、较为规范，得分：4～5分（良）		
			③线型设计基本正确、基本规范，得分：3分（中）		
			④线型设计不正确、欠规范，得分：2分及以下（差）		
	6	3. 单位设置正确	①单位设置正确，得分：6分（优）		
			②单位设置较为正确，得分：4～5分（良）		
			③单位设置基本正确，得分：3分（中）		
			④单位设置不正确，得分：2分及以下（差）		
	6	4. 标注设置规范	①标注设置规范，得分：6分（优）		
			②标注设置比较规范，得分：4～5分（良）		
			③标注设置基本规范，得分：3分（中）		
			④标注设置不规范，得分：2分及以下（差）		
	6	5. 比例运用合理	①比例运用合理，得分：6分（优）		
			②比例运用较合理，得分：4～5分（良）		
			③比例运用基本合理，得分：3分（中）		
			④比例运用不合理，得分：2分及以下（差）		
四、工艺设计创新	15	工艺处理得当，工艺设计有所创新	①文字标注准确表示出标注对象的基层、面层、涂层材料，剖面图准确表示出对象的内部构造及工艺处理，得分：14～15分（优）		
			②文字标注较清晰地表示出标注对象的基层、面层、涂层材料，剖面图较明确地表示出对象的内部构造及工艺处理，得分：12～13分（良）		
			③文字标注基本表示出标注对象的基层、面层、涂层材料，剖面图基本表示出对象的内部构造及工艺处理，得分：8～11分（中）		
			④文字标注未能完整说明对象的基层、面层、涂层材料，剖面图未能正确表示出对象的内部构造及工艺处理，得分：7分及以下（差）		

续表2

测试点	配分	评分标准	评分方案	得分	小计
五、职业素养	10	文字描述及图纸打印幅面准确，排版美观，具备良好的艺术修养和审美表达能力及良好的空间意识与尺度概念	①文字描述及图纸打印幅面准确，排版美观，有良好的艺术修养和艺术审美能力，空间意识和尺度把握准确，细节处理到位，得分：9～10分（优）		
			②文字描述及图纸打印幅面较为准确，排版较美观，有较好的艺术修养和艺术审美能力，空间意识和尺度把握较准确，得分：7～8分（良）		
			③文字描述及图纸打印幅面基本准确，排版基本合理，有基本的艺术修养和艺术审美能力，空间意识和尺度把握基本准确，得分：5～6分（中）		
			④文字描述及图纸打印幅面不准确，排版不合理，没有基本的艺术修养和艺术审美能力，空间意识和尺度把握不准确，得分：4分及以下（差）		
合计	100				

表1-3　室内设计CAD制图模块公共空间设计CAD制图项目评价标准

测试点	配分	评分标准	评分方案	得分	小计
一、设计创意	5	1. 整体协调	①设计主题突出，界面、家具、陈设等与主题风格协调，得分：5分（优）		
			②设计主题明显，界面、家具、陈设等设计较为切合主题风格，得分：4分（良）		
			③设计主题基本明确，界面、家具、陈设等与主题风格有基本搭配，得分：3分（中）		
			④设计主题无体现或不明确，界面、家具、陈设等与主题风格搭配混乱，得分：2分及以下（差）		
	10	2. 功能合理	①功能安排合理，流线布置科学，尺度设置合理，光照分布合理，得分：9～10分（优）		
			②功能安排、流线布置、尺度设置合理及光照分布较为合理，得分：7～8分（良）		
			③功能安排、流线布置、尺度设置合理及光照分布基本合理，得分：5～6分（中）		
			④功能安排、流线布置、尺度设置合理及光照分布不合理，得分：4分及以下（差）		
二、图纸绘制规范（规范参照《房屋建筑制图统一标准》）	6	1. 图框及标题栏绘制规范	①图框及标题栏绘制规范，得分：6分（优）		
			②图框及标题栏绘制比较规范，得分：4～5分（良）		
			③图框及标题栏绘制基本规范，得分：3分（中）		
			④图框及标题栏绘制不规范，得分：2分及以下（差）		
	6	2. 线型运用正确	①线型运用正确，得分：6分（优）		
			②线型运用比较正确，得分：4～5分（良）		
			③线型运用基本正确，得分：3分（中）		
			④线型运用不正确，得分：2分及以下（差）		
	6	3. 图例表示正确、规范	①图例表示正确、规范，得分：6分（优）		
			②图例表示正确、比较规范，得分：4～5分（良）		
			③图例表示基本正确、基本规范，得分：3分（中）		
			④图例表示不正确、欠规范，得分：2分及以下（差）		

续表1

测试点	配分	评分标准	评分方案	得分	小计
	6	4. 尺寸及文字标注正确、规范	①尺寸及文字标注正确、规范，得分：6分（优）		
			②尺寸及文字标注正确、比较规范，得分：4～5分（良）		
			③尺寸及文字标注基本正确、基本规范，得分：3分（中）		
			④尺寸及文字标注不正确、欠规范，得分：2分及以下（差）		
	6	5. 索引图标规范	①索引图标规范，得分：6分（优）		
			②索引图标比较规范，得分：4～5分（良）		
			③索引图标基本规范，得分：3分（中）		
			④索引图标不规范，得分：2分及以下（差）		
三、正确运用AutoCAD工具与命令	6	1. 图层设置规范	①图层设置规范，得分：6分（优）		
			②图层设置比较规范，得分：4～5分（良）		
			③图层设置基本规范，得分：3分（中）		
			④图层设置不规范，得分：2分及以下（差）		
	6	2. 线型设计正确、规范	①线型设计正确、规范，得分：6分（优）		
			②线型设计正确、较为规范，得分：4～5分（良）		
			③线型设计基本正确、基本规范，得分：3分（中）		
			④线型设计不正确、欠规范，得分：2分及以下（差）		
	6	3. 单位设置正确	①单位设置正确，得分：6分（优）		
			②单位设置较为正确，得分：4～5分（良）		
			③单位设置基本正确，得分：3分（中）		
			④单位设置不正确，得分：2分及以下（差）		
	6	4. 标注设置规范	①标注设置规范，得分：6分（优）		
			②标注设置比较规范，得分：4～5分（良）		
			③标注设置基本规范，得分：3分（中）		
			④标注设置不规范，得分：2分及以下（差）		
	6	5. 比例运用合理	①比例运用合理，得分：6分（优）		
			②比例运用较合理，得分：4～5分（良）		
			③比例运用基本合理，得分：3分（中）		
			④比例运用不合理，得分：2分及以下（差）		
四、工艺设计创新	15	工艺处理得当，工艺设计有所创新	①文字标注准确表示出标注对象的基层、面层、涂层材料，剖面图准确表示出对象的内部构造及工艺处理，得分：14～15分（优）		
			②文字标注较清晰地表示出标注对象的基层、面层、涂层材料，剖面图较明确地表示出对象的内部构造及工艺处理，得分：12～13分（良）		
			③文字标注基本表示出标注对象的基层、面层、涂层材料，剖面图基本表示出对象的内部构造及工艺处理，得分：8～11分（中）		
			④文字标注未能完整说明对象的基层、面层、涂层材料，剖面图未能正确表示出对象的内部构造及工艺处理，得分：7分及以下（差）		

续表2

测试点	配分	评分标准	评分方案	得分	小计
五、职业素养	10	文字描述及图纸打印幅面准确,排版美观,具备良好的艺术修养和审美表达能力及良好的空间意识与尺度概念	①文字描述及图纸打印幅面准确,排版美观,有良好的艺术修养和艺术审美能力,空间意识和尺度把握准确,细节处理到位,得分:9～10分(优)		
			②文字描述及图纸打印幅面较为准确,排版较美观,有较好的艺术修养和艺术审美能力,空间意识和尺度把握较准确,得分:7～8分(良)		
			③文字描述及图纸打印幅面基本准确,排版基本合理,有基本的艺术修养和艺术审美能力,空间意识和尺度把握基本准确,得分:5～6分(中)		
			④文字描述及图纸打印幅面不准确,排版不合理,没有基本的艺术修养和艺术审美能力,空间意识和尺度把握不准确,得分:4分及以下(差)		
合计	100				

表1-4　室内设计创意与表现模块家居空间设计项目评价标准

测试点	配分	评分标准	评分方案	得分	小计
一、设计创意	5	1. 整体协调	①设计主题突出,界面、家具、陈设等与主题风格协调,得分:5分(优)		
			②设计主题明显,界面、家具、陈设等设计较为切合主题风格,得分:4分(良)		
			③设计主题基本明确,界面、家具、陈设等与主题风格有基本搭配,得分:3分(中)		
			④设计主题无体现或不明确,界面、家具、陈设等与主题风格搭配混乱,得分:2分及以下(差)		
	10	2. 功能合理	①功能安排合理,流线布置科学,尺度设置合理,光照分布合理,得分:9～10分(优)		
			②功能安排、流线布置、尺度设置合理及光照分布较为合理,得分:7～8分(良)		
			③功能安排、流线布置、尺度设置合理及光照分布基本合理,得分:5～6分(中)		
			④功能安排、流线布置、尺度设置合理及光照分布不合理,得分:4分及以下(差)		
二、空间关系	10	1.选用能完善地表现空间的透视方式	①透视角度选择考究,视觉效果好,能完善地表现空间,得分:9～10分(优)		
			②透视角度选择较为恰当,能较好地表现空间,得分:7～8分(良)		
			③透视角度选择基本合理,符合空间表现要求,得分:5～6分(中)		
			④所选择的透视方式无法表达空间关系,得分:4分及以下(差)		
	10	2.空间透视关系准确	①空间内各界面、形体的透视关系准确,得分:9～10分(优)		
			②空间内各界面、形体的透视关系大体准确,得分:7～8分(良)		
			③空间内各界面、形体的透视关系无明显的错误,得分:5～6分(中)		

续表1

测试点	配分	评分标准	评分方案	得分	小计
			④空间内各界面、形体的透视关系不准确或有明显的错误，得分：4分及以下（差）		
	10	3. 家具及其他设施透视关系准确	①家具、陈设等物体的透视准确，得分：9～10分（优）		
			②家具、陈设等物体的透视关系大体准确，得分：7～8分（良）		
			③家具、陈设等物体的透视关系无明显的错误，得分：5～6分（中）		
			④家具、陈设等物体的透视关系不准确或有明显的错误，得分：4分及以下（差）		
三、色彩表达充分	10	1. 色彩关系协调	①色彩关系明确，色彩搭配协调，整体感强，视觉效果好，得分：9～10分（优）		
			②色彩关系较为明确，色彩搭配协调，视觉效果较好，得分：7～8分（良）		
			③色彩关系一般，色彩搭配基本合理，得分：5～6分（中）		
			④色彩关系混乱，色彩搭配不合理，得分：4分及以下（差）		
	5	2. 上色技法熟练	①技法运用灵活，笔法成熟，得分：5分（优）		
			②技法运用得当，笔法较为熟练，得分：4分（良）		
			③掌握了基本技法，得分：3分（中）		
			④表现混乱，无技法体现，得分：2分及以下（差）		
四、材质表现充分（材料选用合理）	10	质感表现充分，纹理表现自然	①质感表现充分，纹理表现自然，得分：9～10分（优）		
			②质感、纹理表现良好，得分：7～8分（良）		
			③质感、纹理表现一般，得分：5～6分（中）		
			④无法表现材质质感与纹理，或表现弱，得分：4分及以下（差）		
五、光影表现自然	10	光感表现合理，投影关系正确	①光感表现生动自然，投影处理自然，与物体关系正确，得分：9～10分（优）		
			②光感表现良好，投影处理较为得当，与物体关系正确，得分：7～8分（良）		
			③光感表现基本合理，投影关系基本正确，得分：5～6分（中）		
			④光感表现不合理，投影关系不正确，得分：4分及以下（差）		
六、设计说明	10	设计说明完整，设计意图表达清晰	①设计思路与创意过程清晰，设计方法、元素运用及设计意图表达明确，文字说明清晰、语言流畅，得分：9～10分（优）		
			②设计思路与创意过程较为清晰，设计方法、元素运用及设计意图表达较为明确，文字说明较为清晰流畅，得分：7～8分（良）		
			③有基本的设计思路与创意过程，设计方法、元素运用及设计意图表达基本明确，文字说明基本明了，得分：5～6分（中）		
			④设计思路与创意过程描述不清晰或混乱，设计方法、元素运用及设计意图表达欠明确，文字说明表达不清晰，得分：4分及以下（差）		

续表2

测试点	配分	评分标准	评分方案	得分	小计
七、职业素养	10	有全面的综合素质、良好的艺术修养和审美能力	①有良好的艺术修养和艺术审美能力，空间意识和尺度把握准确，细节处理到位，表现手段丰富，有独特的风格特点，得分：9～10分（优）		
			②有较好的艺术修养和艺术审美能力，空间意识和尺度把握较为准确，细节处理比较到位，表现手段较为丰富，有一定的风格特点，得分：7～8分（良）		
			③有一定的艺术修养和艺术审美能力，空间意识和尺度把握基本准确，有一定的细节处理，表现手段不单一，整体风格统一，得分：5～6分（中）		
			④艺术修养和艺术审美能力欠缺，空间意识和尺度把握不准确，没有细节处理，表现手段单一，整体风格不统一，得分：4分及以下（差）		
合计	100				

表1-5　室内设计创意与表现模块公共空间设计项目评价标准

测试点	配分	评分标准	评分方案	得分	小计
一、设计创意	5	1. 整体协调	①设计主题突出，界面、家具、陈设等与主题风格协调，得分：5分（优）		
			②设计主题明显，界面、家具、陈设等设计较为切合主题风格，得分：4分（良）		
			③设计主题基本明确，界面、家具、陈设等与主题风格有基本搭配，得分：3分（中）		
			④设计主题无体现或不明确，界面、家具、陈设等与主题风格搭配混乱，得分：2分及以下（差）		
	10	2. 功能合理	①功能安排合理，流线布置科学，尺度设置合理，光照分布合理，得分：9～10分（优）		
			②功能安排、流线布置、尺度设置合理及光照分布较为合理，得分：7～8分（良）		
			③功能安排、流线布置、尺度设置合理及光照分布基本合理，得分：5～6分（中）		
			④功能安排、流线布置、尺度设置合理及光照分布不合理，得分：4分及以下（差）		
二、空间关系	10	1.选用能完善地表现空间的透视方式	①透视角度选择考究，视觉效果好，能完善地表现空间，得分：9～10分（优）		
			②透视角度选择较为恰当，能较好地表现空间，得分：7～8分（良）		
			③透视角度选择基本合理，符合空间表现要求，得分：5～6分（中）		
			④所选择的透视方式无法表达空间关系，得分：4分及以下（差）		
	10	2. 空间透视关系准确	①空间内各界面、形体的透视关系准确，得分：9～10分（优）		
			②空间内各界面、形体的透视关系大体准确，得分：7～8分（良）		
			③空间内各界面、形体的透视关系无明显的错误，得分：5～6分（中）		

续表1

测试点	配分	评分标准	评分方案	得分	小计
			④空间内各界面、形体的透视关系不准确或有明显的错误，得分：4分及以下（差）		
	10	3. 家具及其他设施透视关系准确	①家具、陈设等物体的透视关系准确，得分：9~10分（优）		
			②家具、陈设等物体的透视关系大体准确，得分：7~8分（良）		
			③家具、陈设等物体的透视关系无明显的错误，得分：5~6分（中）		
			④家具、陈设等物体的透视关系不准确或有明显的错误，得分：4分及以下（差）		
三、色彩表达充分	10	1. 色彩关系协调	①色彩关系明确，色彩搭配协调，整体感强，视觉效果好，得分：9~10分（优）		
			②色彩关系较为明确，色彩搭配协调，视觉效果较好，得分：7~8分（良）		
			③色彩关系一般，色彩搭配基本合理，得分：5~6分（中）		
			④色彩关系混乱，色彩搭配不合理，得分：4分及以下（差）		
	5	2. 上色技法熟练	①技法运用灵活，笔法成熟，得分：5分（优）		
			②技法运用得当，笔法较为熟练，得分：4分（良）		
			③掌握了基本技法，得分：3分（中）		
			④表现混乱，无技法体现，得分：2分及以下（差）		
四、材质表现充分（材料选用合理）	10	质感表现充分，纹理表现自然	①质感表现充分，纹理表现自然，得分：9~10分（优）		
			②质感、纹理表现良好，得分：7~8分（良）		
			③质感、纹理表现一般，得分：5~6分（中）		
			④无法表现材质质感与纹理，或表现弱，得分：4分及以下（差）		
五、光影表现自然	10	光感表现合理，投影关系正确	①光感表现生动自然，投影处理自然，与物体关系正确，得分：9~10分（优）		
			②光感表现良好，投影处理较为得当，与物体关系正确，得分：7~8分（良）		
			③光感表现基本合理，投影关系基本正确，得分：5~6分（中）		
			④光感表现不合理，投影关系不正确，得分：4分及以下（差）		
六、设计说明	10	设计说明完整，设计意图表达清晰	①设计思路与创意过程清晰，设计方法、元素运用及设计意图表达明确，文字说明清晰，语言流畅，得分：9~10分（优）		
			②设计思路与创意过程较为清晰，设计方法、元素运用及设计意图表达较为明确，文字说明较为清晰流畅，得分：7~8分（良）		
			③有基本的设计思路与创意过程，设计方法、元素运用及设计意图表达基本明确，文字说明基本明了，得分：5~6分（中）		
			④设计思路与创意过程描述不清晰或混乱，设计方法、元素运用及设计意图表达欠明确，文字说明表达不清晰，得分：4分及以下（差）		

续表2

测试点	配分	评分标准	评分方案	得分	小计
七、职业素养	10	有全面的综合素质、良好的艺术修养和审美能力	①有良好的艺术修养和艺术审美能力，空间意识和尺度把握准确，细节处理到位，表现手段丰富，有独特的风格特点，得分：9～10分（优）		
			②有较好的艺术修养和艺术审美能力，空间意识和尺度把握较为准确，细节处理比较到位，表现手段较为丰富，有一定的风格特点，得分：7～8分（良）		
			③有一定的艺术修养和艺术审美能力，空间意识和尺度把握基本准确，有一定的细节处理，表现手段不单一，整体风格统一，得分：5～6分（中）		
			④艺术修养和艺术审美能力欠缺，空间意识和尺度把握不准确，没有细节处理，表现手段单一，整体风格不统一，得分：4分及以下（差）		
合计	100				

表1-6　室内陈设设计表现模块家居空间陈设设计项目评价标准

测试点	配分	评分标准	评分方案	得分	小计
一、设计创意	25	1. 陈设设计整体协调	①设计主题突出，陈设整体效果表现突出，效果表现层次突出，得分：24～25分（优）		
			②设计主题明显，陈设整体效果表现比较好，效果表现层次较好，得分：22～23分（良）		
			③设计主题基本明确，陈设整体效果表现一般，效果表现层次普通，得分：20～21分（中）		
			④设计主题无体现或不明确，陈设整体效果表现没有层次，效果差，得分：19分及以下（差）		
	10	2. 陈设品选用合理	①陈设品选用合理，尺度设置合理，风格搭配合理，得分：9～10分（优）		
			②陈设品选用、尺度设置、风格搭配较为合理，得分：7～8分（良）		
			③陈设品选用、尺度设置、风格搭配基本合理，得分：5～6分（中）		
			④陈设品选用、尺度设置、风格搭配不合理，得分：4分及以下（差）		
二、空间关系	20	选用能完善地表现空间的透视方式	①透视角度选择考究，视觉效果好，能完善地表现空间，得分：19～20分（优）		
			②透视角度选择较为恰当，能较好地表现空间，得分：17～18分（良）		
			③透视角度选择基本合理，符合空间表现要求，得分：15～16分（中）		
			④所选择的透视方式无法表达空间关系，得分：14分及以下（差）		
三、色彩表达充分	20	色彩关系协调	①色彩关系明确，色彩搭配协调，得分：19～20分（优）		
			②色彩关系较为明确，色彩搭配较好，得分：17～18分（良）		
			③色彩关系一般，色彩搭配基本合理，得分：15～16分（中）		
			④色彩关系混乱，色彩搭配不合理，得分：14分及以下（差）		

续表

测试点	配分	评分标准	评分方案	得分	小计
四、设计说明	15	设计说明完整，设计意图表达清晰	①设计思路与创意过程清晰，设计方法、元素运用及设计意图表达明确，文字说明清晰、语言流畅，得分：14～15分（优）		
			②设计思路与创意过程较为清晰，设计方法、元素运用及设计意图表达较为明确，文字说明较为清晰流畅，得分：12～13分（良）		
			③有基本的设计思路与创意过程，设计方法、元素运用及设计意图表达基本明确，文字说明基本明了，得分：10～11分（中）		
			④设计思路与创意过程描述不清晰或混乱，设计方法、元素运用及设计意图表达欠明确，文字说明表达不清晰，得分：9分及以下（差）		
五、职业素养	10	工作准备充分，掌握与客户交流的方法和主要内容	①客户沟通提纲制订完善，沟通目的明确，方法得当，并能满足客户的相关要求，得分：9～10分（优）		
			②客户沟通提纲制订较为完善，沟通目的明确，方法较为得当，并能较好满足客户的相关要求，得分：7～8分（良）		
			③客户沟通提纲制订基本完整，有基本的沟通目的和方法，并能基本满足客户的相关要求，得分：5～6分（中）		
			④客户沟通提纲制订欠完整，无基本的沟通目的和方法，未能满足客户的相关要求，得分：4分及以下（差）		
合计	100				

五、考核方式

本专业技能考核为现场操作考核，成绩评定采用过程考核与结果考核相结合的方法，具体方式如下：

（1）学校参考模块选取：专业基本技能模块和岗位核心技能模块为必考模块，采用"1+1"的模块抽考方式；跨岗位综合技能模块为选考模块，学校根据专业特色自选加试。

（2）学生参考模块确定：参考学生按规定比例随机抽取考核模块，其中，60%考生参考专业基本技能模块，40%考生参考岗位核心技能模块。各模块考生人数按四舍五入计算，剩余考生在必考模块中抽取应试模块。此外，学校可根据自身所需抽取20%考生另行加试跨岗位综合技能模块。

（3）试题抽取方式：随机抽取各模块试题一套，供参加对应模块考核的学生进行同一时间考试。

六、附录

（一）相关法律法规（摘录）

（1）中华人民共和国建设部令第110号《住宅室内装饰装修管理办法》第七章第四十一条规定：装饰装修企业违反国家有关安全生产规定和安全生产技术规程，不按照规定采取必要的安全防护和消防措施，擅自动用明火作业和进行焊接作业的，或者对建筑安全事故隐患不采取措施予以消除的，由建设行政主管部门责令改正，并处1千元以上1万元以下的罚款，情节严重的，责令停业整顿，并处1万元以上3万元以下的罚款;造成重大安全事故的，降低资质等级或者吊销资质证书。

（2）中华人民共和国国务院令第279号《建设工程质量管理条例》第二章第十五条规定：涉及建筑主体和承重结构变动的装修工程，建设单位应当在施工前委托原设计单位或者具有相应资质等级的设计单位提出设计方案；没有设计方案的，不得施工。

（二）相关标准与规范

本专业主要依据的建筑装饰行业国家技术标准与规范如表1-7所示。

表1-7　引用技术标准与规范

序号	标准号	中文标准与规范名称
1	GB 50001—2010	房屋建筑制图统一标准
2	GB 50222—2017	建筑内部装修设计防火规范
3	GB 50210—2018	建筑装饰装修工程质量验收标准
4	GB 50854—2013	房屋建筑与装饰工程工程量计算规范
5	GB 50500—2013	建设工程工程量清单计价规范
6	GB 50325—2010	民用建筑工程室内环境污染控制规范
7	QB/T 6016—97	家庭装饰工程质量规范
8	GB 50327—2001	住宅装饰装修工程施工规范

第二部分　建筑室内设计专业技能考核题库

一、室内设计CAD制图模块

（一）家居空间设计CAD制图项目

1.题号：1-1-1 试题：摄影师家居空间卧室设计

任务描述：某装饰公司承接了一个小户型家居空间室内设计项目，户型特征、面积见附图（图2-1、图2-2）。业主为一未婚男青年，职业为某旅游杂志摄影师，喜欢陈列个人摄影作品。请根据所提供的附图和相关信息，针对其空间，利用AutoCAD制图软件完成施工图一套（包括平面布置图、天花布置图、自选主要立面图、自选某一个剖面或节点图，共四张图纸），并将整套施工图以A3幅面打印出图。

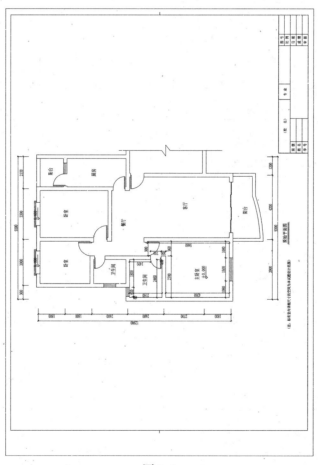

图 2-1

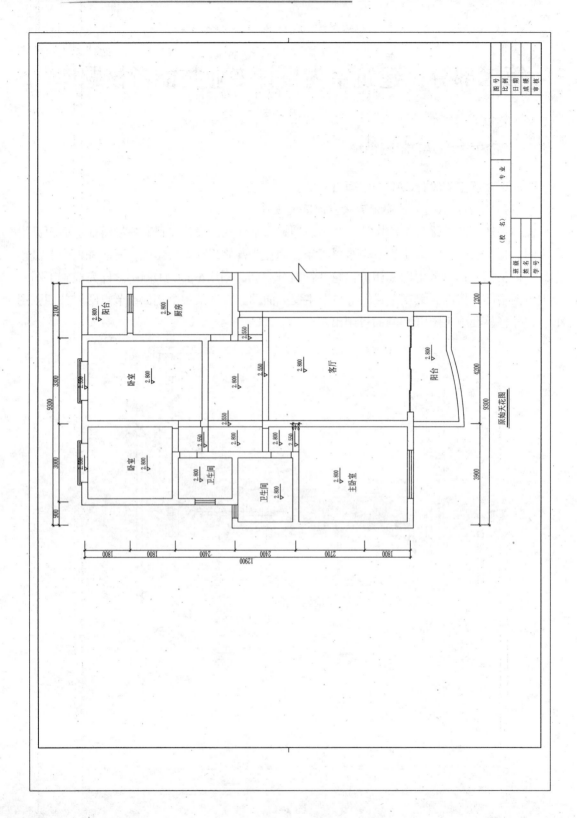

图 2-2

2.题号：1-1-2 试题：三口之家家居空间卧室设计

任务描述：某装饰公司承接了一个家居空间室内设计项目，户型特征、面积见附图（图2-3、图2-4）。业主为三口之家，男主人职业为银行工作人员，女主人职业为小学教师，育有一男孩。请根据所提供的附图和相关信息，针对其空间，利用AutoCAD制图软件完成施工图一套（包括平面布置图、天花布置图、自选主要立面图、自选某一个剖面或节点图，共四张图纸），并将整套施工图以A3幅面打印出图。

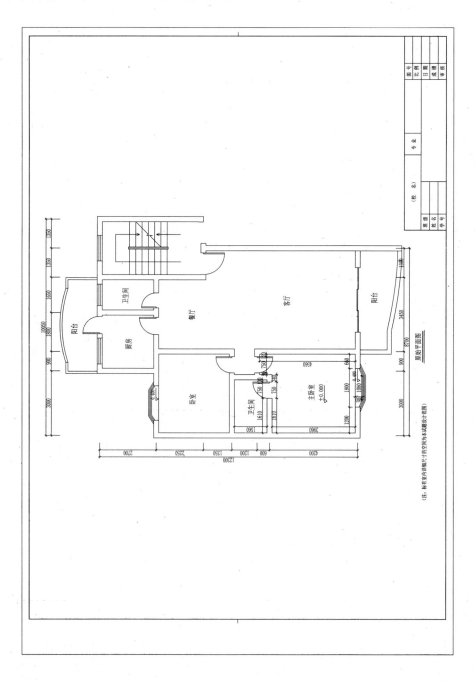

图 2-3

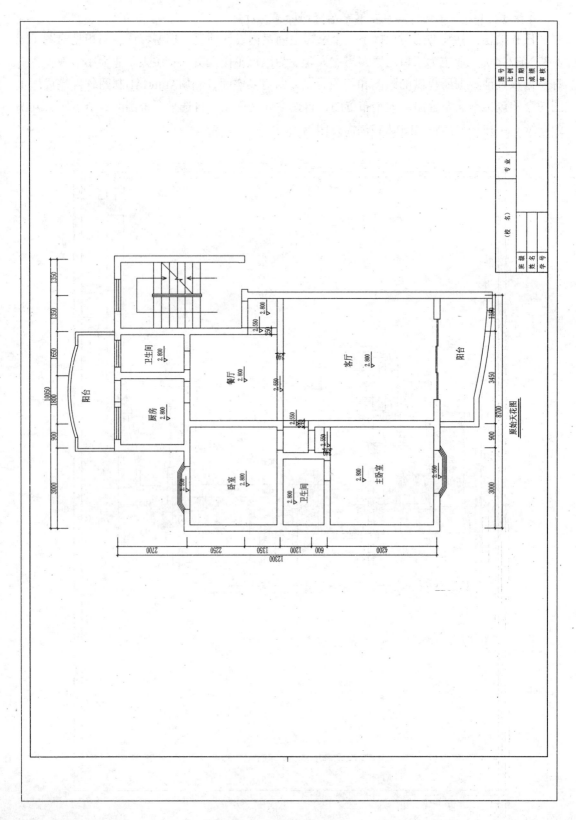

图 2-4

3.题号：1-1-3 试题：年轻夫妇家居空间卧室设计

任务描述：某装饰公司承接了一个家居空间室内设计项目，户型特征、面积见附图（图2-5、图2-6）。业主为一对年轻夫妇，男主人职业为平面设计师，女主人职业为餐饮企业管理人员。请根据所提供的附图和相关信息，针对其空间，利用AutoCAD制图软件完成施工图一套（包括平面布置图、天花布置图、自选主要立面图、自选某一个剖面或节点图，共四张图纸），并将整套施工图以A3幅面打印出图。

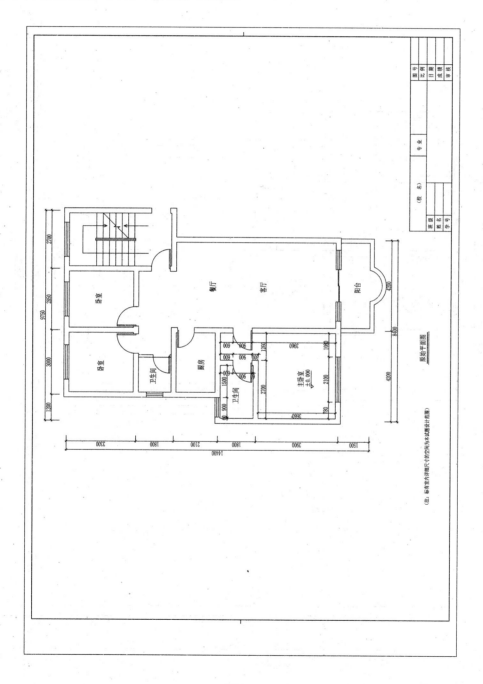

图 2-5

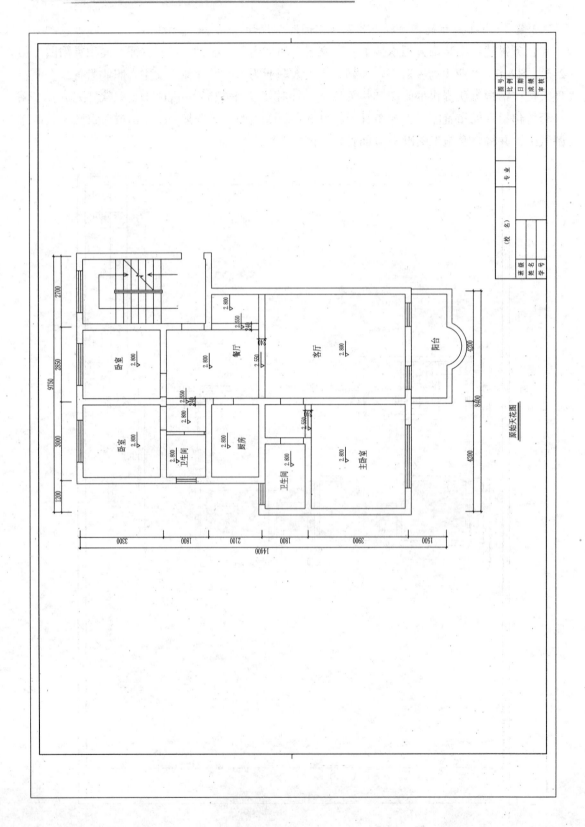

图 2-6

4.题号：1-1-4 试题：公务员家居空间卧室设计

任务描述：某装饰公司承接了一个家居空间室内设计项目，户型特征、面积见附图（图2-7、图2-8）。业主家庭常住人口有三人，男主人是公务员，女主人职业是医生，育有一女孩。请根据所提供的附图和相关信息，针对其空间，利用AutoCAD制图软件完成施工图一套（包括平面布置图、天花布置图、自选主要立面图、自选某一个剖面或节点图，共四张图纸），并将整套施工图以A3幅面打印出图。

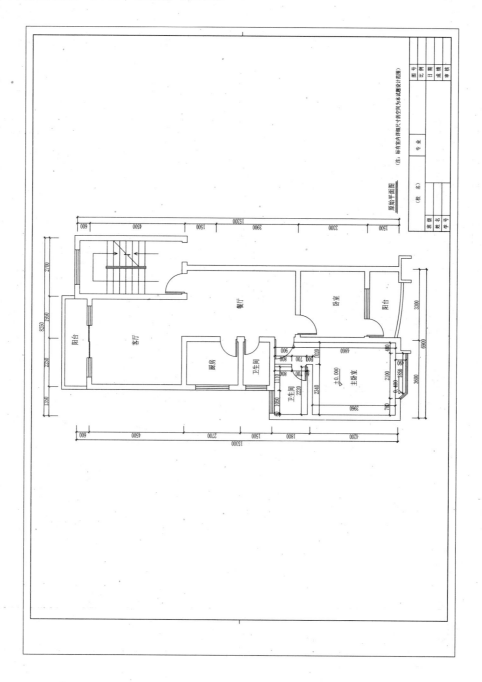

图 2-7

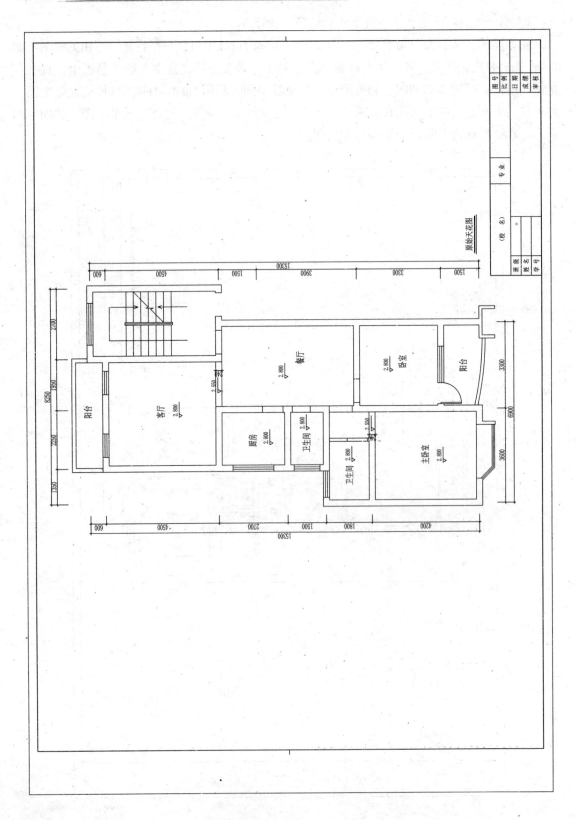

图 2-8

5.题号：1-1-5 试题：新婚夫妻家居空间卧室设计

　　任务描述： 某装饰公司承接了一个家居空间室内设计项目，户型特征、面积见附图（图2-9、图2-10）。业主为一对新婚夫妻，男主人职业为企业管理人员，女主人职业为房产销售人员。请根据所提供的附图和相关信息，针对其空间，利用AutoCAD制图软件完成施工图一套（包括平面布置图、天花布置图、自选主要立面图、自选某一个剖面或节点图，共四张图纸），并将整套施工图以A3幅面打印出图。

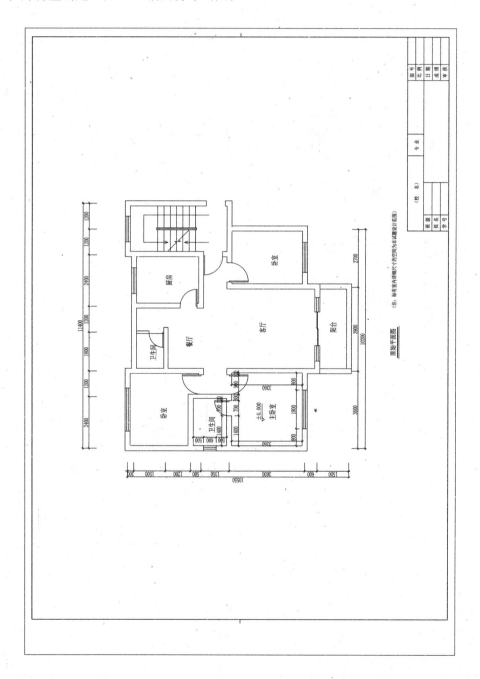

图2-9

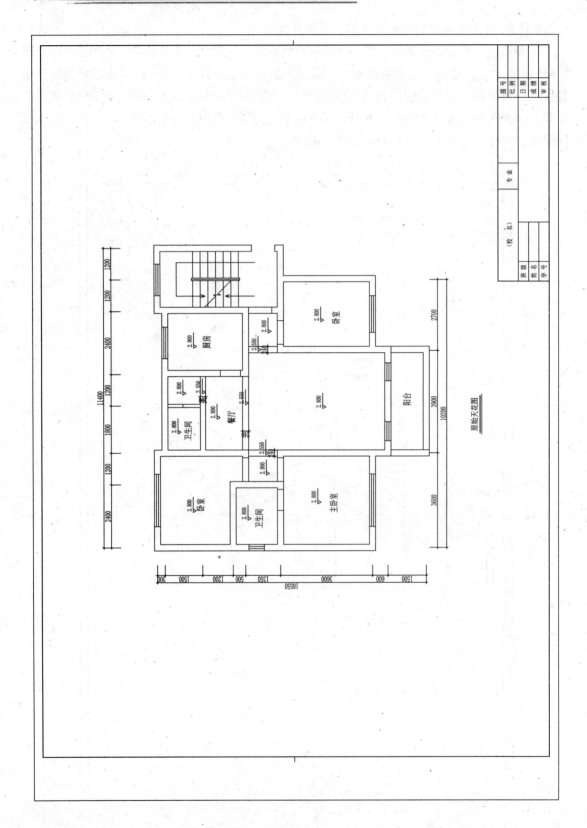

图 2-10

6.题号：1-1-6 试题：医生家居空间卧室设计

任务描述：某装饰公司承接了一个家居空间室内设计项目，户型特征、面积见附图（图2-11、图2-12）。业主为一对中年夫妻，男女主人职业均为医生。请根据所提供的附图和相关信息，针对其空间，利用AutoCAD制图软件完成施工图一套（包括平面布置图、天花布置图、自选主要立面图、自选某一个剖面或节点图，共四张图纸），并将整套施工图以A3幅面打印出图。

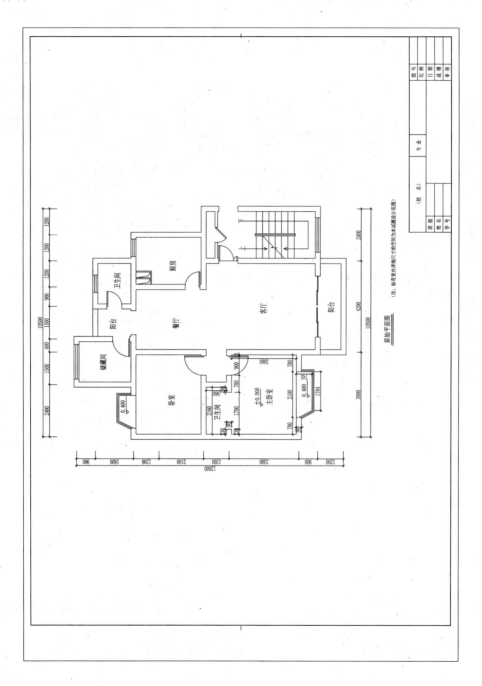

图2-11

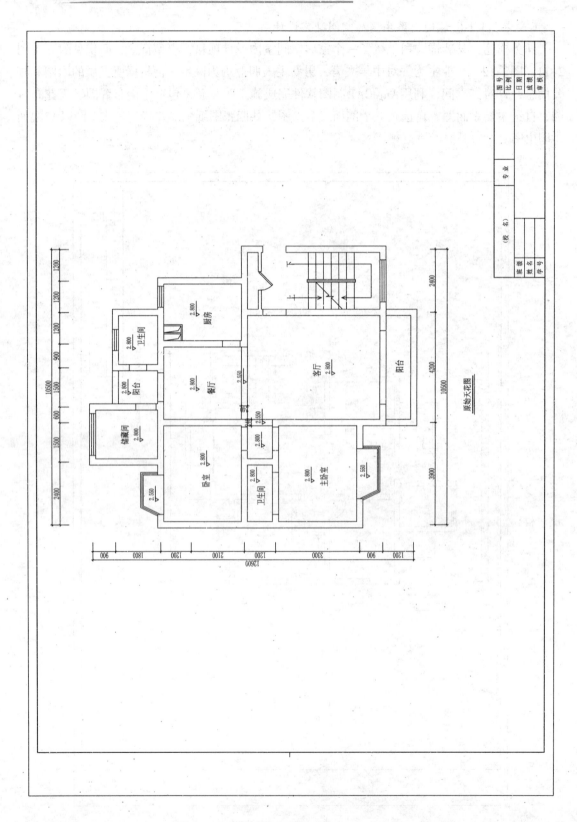

图 2-12

7.题号：1-1-7 试题：软件工程师家居空间卧室设计

任务描述：某装饰公司承接了一个家居空间室内设计项目，户型特征、面积见附图（图2-13、图2-14）。业主为三口之家，男主人职业为软件工程师，女主人职业为网络编辑，育有一女孩。请根据所提供的附图和相关信息，针对其空间，利用AutoCAD制图软件完成施工图一套（包括平面布置图、天花布置图、自选主要立面图、自选某一个剖面或节点图，共四张图纸），并将整套施工图以A3幅面打印出图。

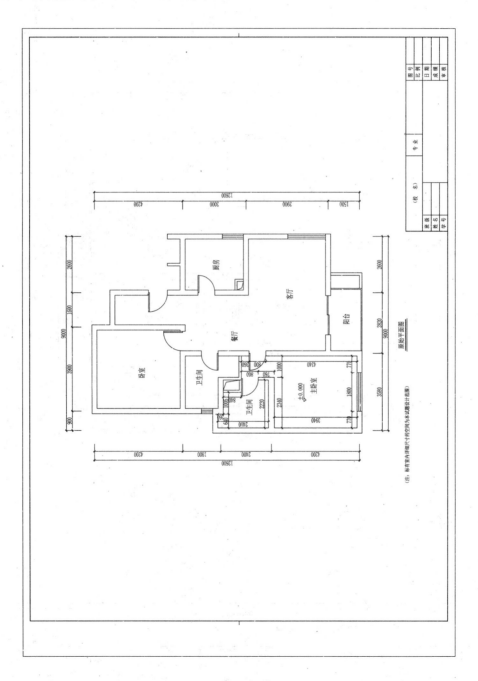

图 2-13

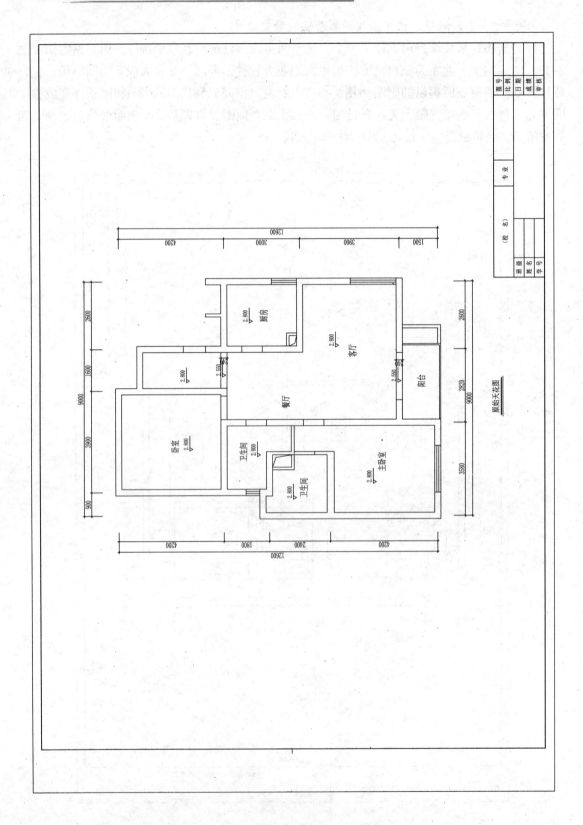

图 2-14

8.题号：1-1-8 试题：老年夫妇家居空间卧室设计

任务描述：某装饰公司承接了一个家居空间室内设计项目，户型特征、面积见附图（图2-15、图2-16）。业主为一对老年夫妇，男女主人均为国有企业退休人员。请根据所提供的附图和相关信息，针对其空间，利用AutoCAD制图软件完成施工图一套（包括平面布置图、天花布置图、自选主要立面图、自选某一个剖面或节点图，共四张图纸），并将整套施工图以A3幅面打印出图。

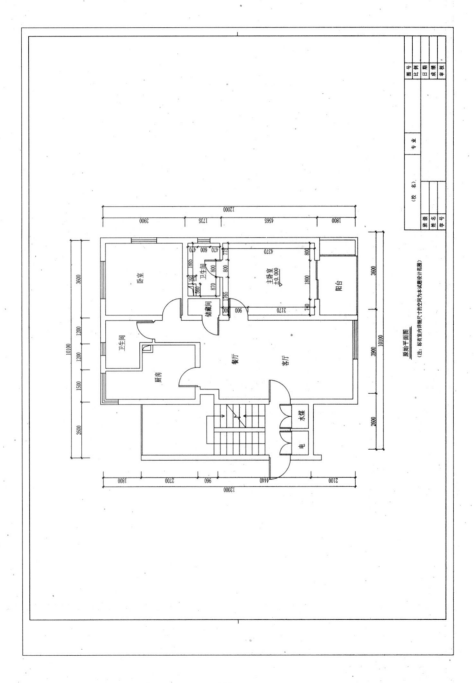

图 2-15

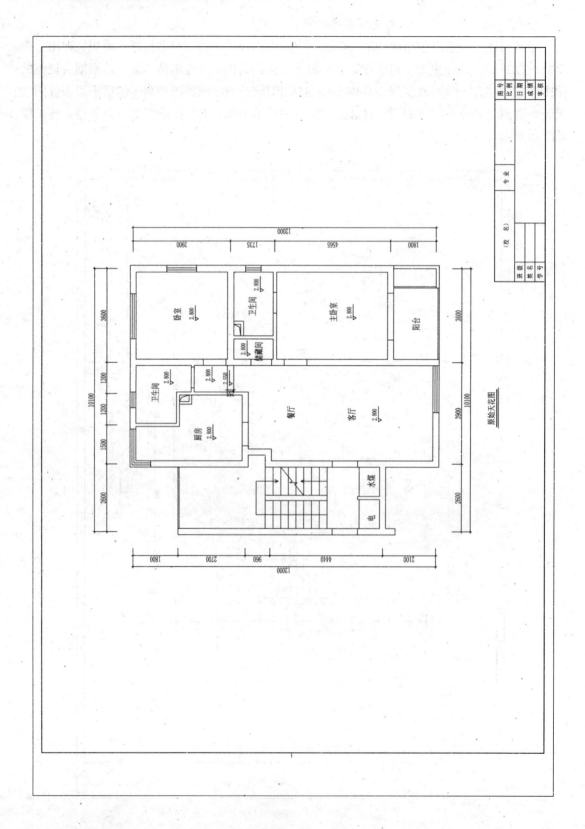

图 2-16

9.题号：1-1-9 试题：美术编辑家居空间卧室设计

任务描述：某装饰公司承接了一个家居空间室内设计项目，户型特征、面积见附图（图2-17、图2-18）。业主为一未婚女性，职业为出版社美术编辑。请根据所提供的附图和相关信息，针对其空间，利用AutoCAD制图软件完成施工图一套（包括平面布置图、天花布置图、自选主要立面图、自选某一个剖面或节点图，共四张图纸），并将整套施工图以A3幅面打印出图。

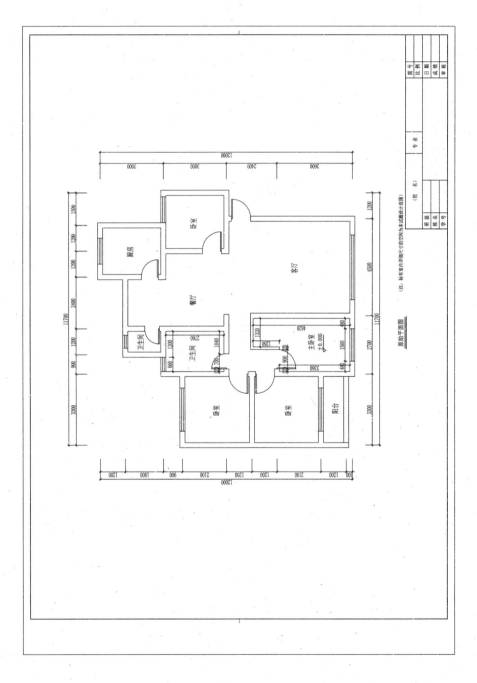

图 2-17

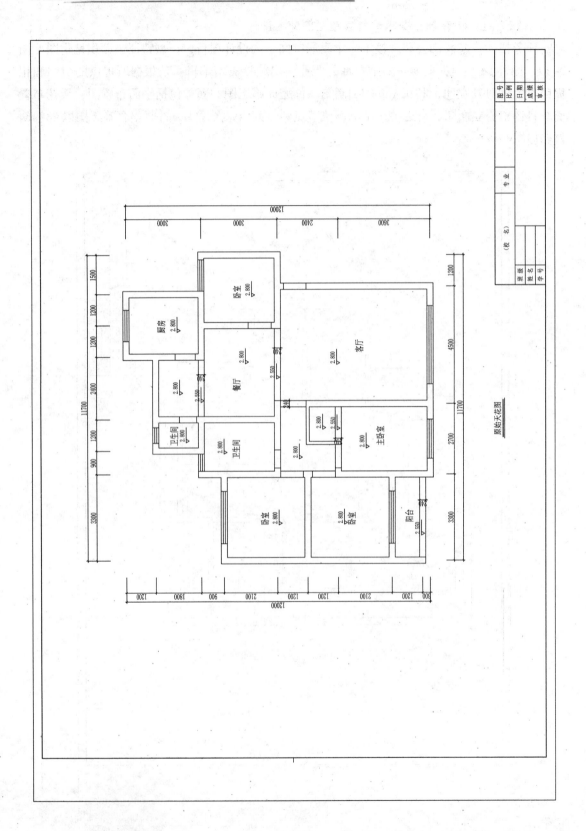

图 2-18

10.题号：1-1-10 试题：画家家居空间卧室设计

任务描述：某装饰公司承接了一个家居空间室内设计项目，户型特征、面积见附图（图2-19、图2-20）。业主为一对中年夫妻，男主人职业为画家，女主人职业为杂志编辑。请根据所提供的附图和相关信息，针对其空间，利用AutoCAD制图软件完成施工图一套（包括平面布置图、天花布置图、自选主要立面图、自选某一个剖面或节点图，共四张图纸），并将整套施工图以A3幅面打印出图。

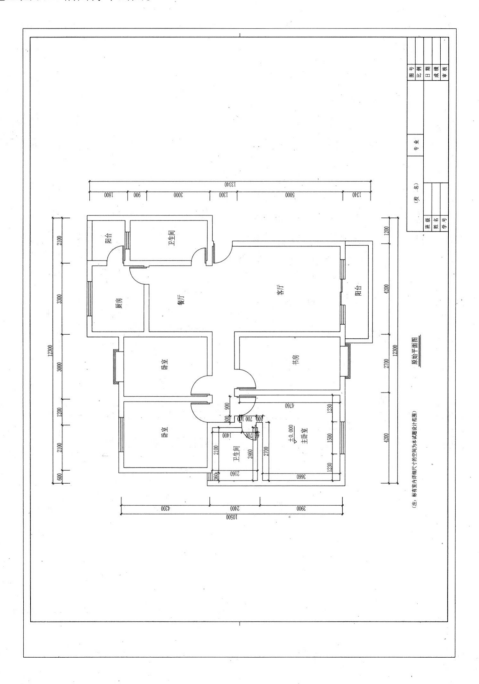

图2-19

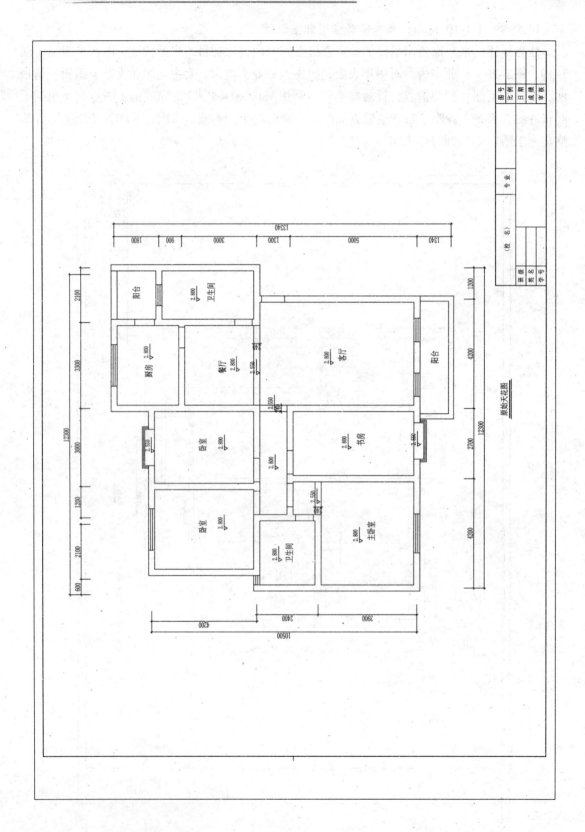

图 2-20

11.题号：1-1-11 试题：平面设计师家居空间卧室设计

任务描述： 某装饰公司承接了一个家居空间室内设计项目，户型特征、面积见附图（图2-21、图2-22）。业主为一未婚男青年，职业为平面设计师。请根据所提供的附图和相关信息，针对其空间，利用AutoCAD制图软件完成施工图一套（包括平面布置图、天花布置图、自选主要立面图、自选某一个剖面或节点图，共四张图纸），并将整套施工图以A3幅面打印出图。

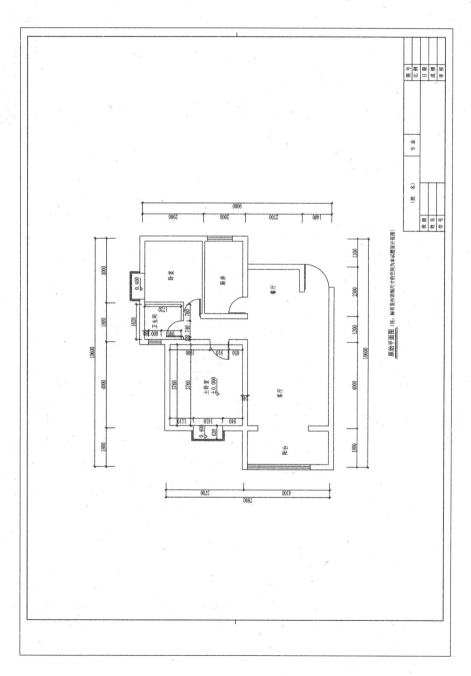

图 2-21

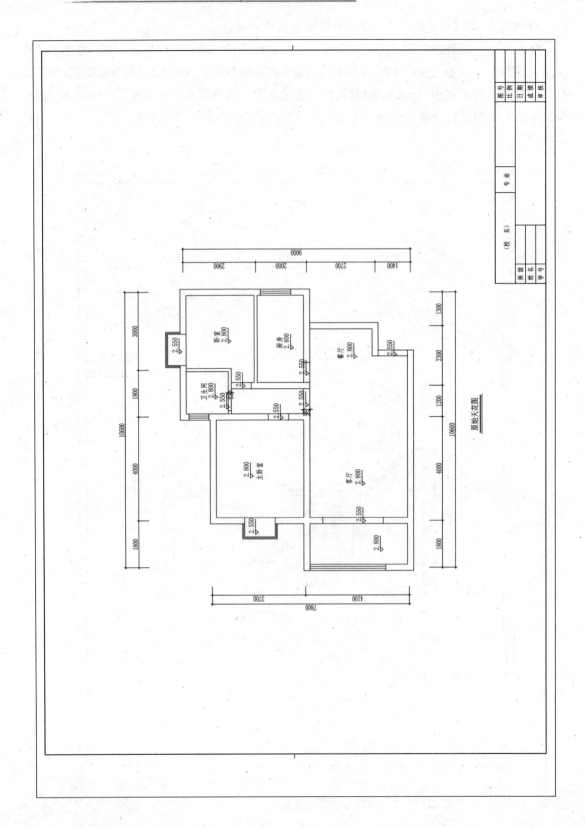

图 2-22

12.题号：1-1-12 试题：**中学音乐教师家居空间卧室设计**

任务描述：某装饰公司承接了一个家居空间室内设计项目，户型特征、面积见附图（图2-23、图2-24）。业主为一未婚女青年，职业为中学音乐教师。请根据所提供的附图和相关信息，针对其空间，利用AutoCAD制图软件完成施工图一套（包括平面布置图、天花布置图、自选主要立面图、自选某一个剖面或节点图，共四张图纸），并将整套施工图以A3幅面打印出图。

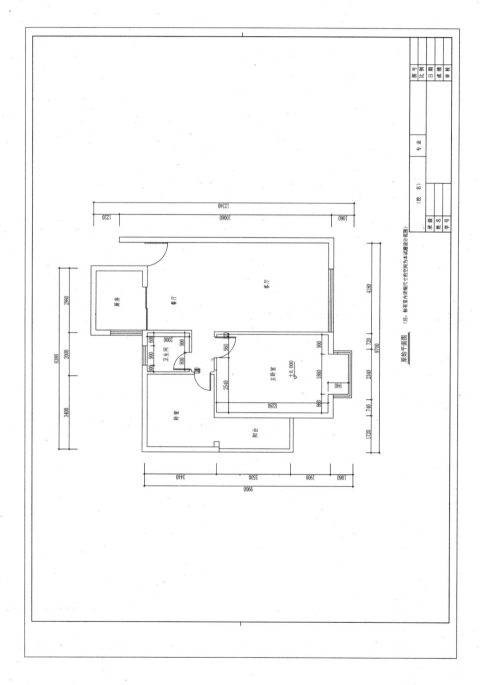

图 2-23

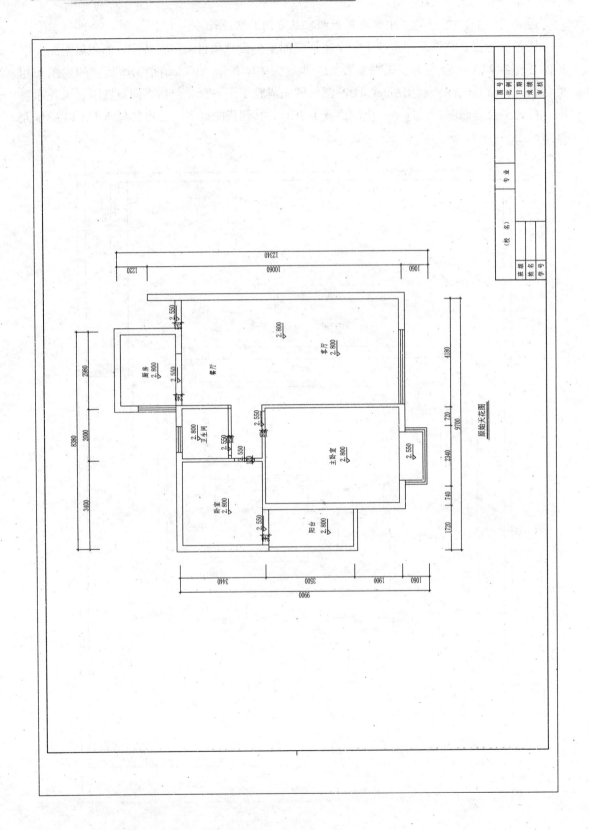

图 2-24

13.题号：1-1-13 试题：**某大型医院外科医生家居空间卧室设计**

任务描述：某装饰公司承接了一个家居空间室内设计项目，户型特征、面积见附图（图2-25、图2-26）。业主为一未婚男青年，职业为某大型医院外科医生。请根据所提供的附图和相关信息，针对其空间，利用AutoCAD制图软件完成施工图一套（包括平面布置图、天花布置图、自选主要立面图、自选某一个剖面或节点图，共四张图纸），并将整套施工图以A3幅面打印出图。

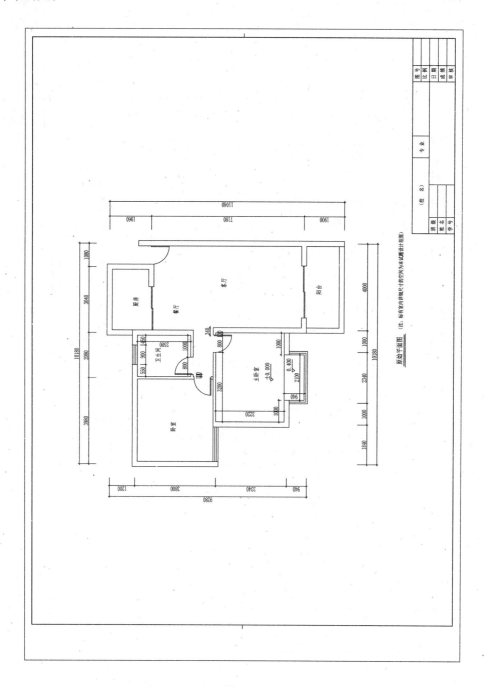

图 2-25

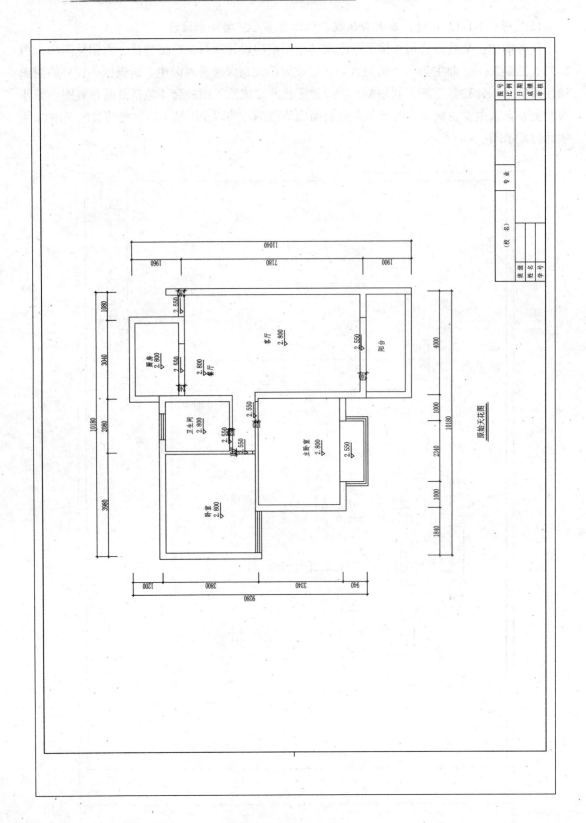

图 2-26

14.题号：1-1-14 试题：**某知名品牌化妆品营销经理家居空间卧室设计**

任务描述：某装饰公司承接了一个家居空间室内设计项目，户型特征、面积见附图（图2-27、图2-28）。业主为一未婚女青年，职业为某知名品牌化妆品营销经理。请根据所提供的附图和相关信息，针对其空间，利用AutoCAD制图软件完成施工图一套（包括平面布置图、天花布置图、自选主要立面图、自选某一个剖面或节点图，共四张图纸），并将整套施工图以A3幅面打印出图。

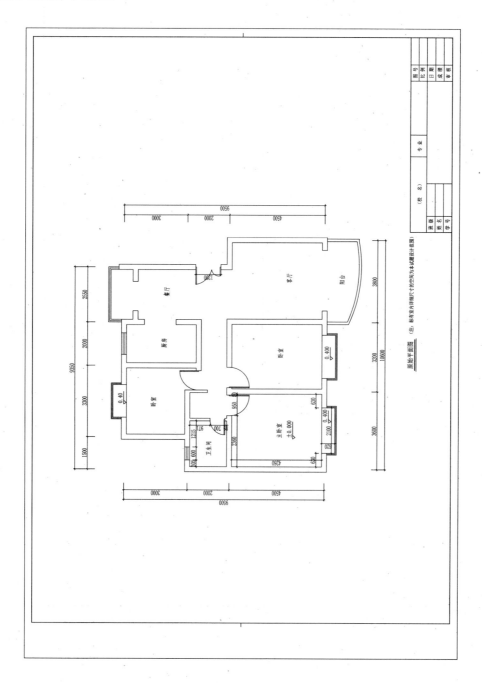

图 2-27

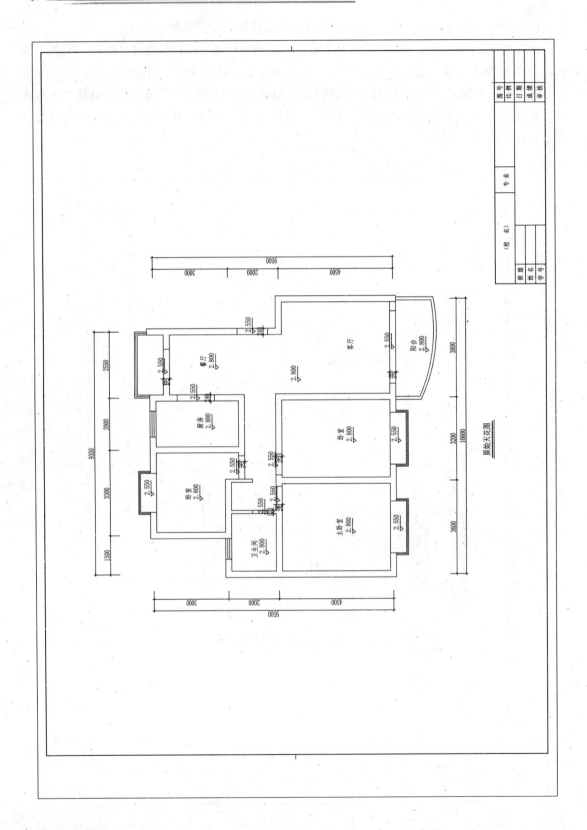

图 2-28

15.题号：1-1-15 试题：某幼儿园教师家居空间卧室设计

任务描述： 某装饰公司承接了一个家居空间室内设计项目，户型特征、面积见附图（图2-29、图2-30）。业主为一未婚女青年，职业为某幼儿园教师。请根据所提供的附图和相关信息，针对其空间，利用AutoCAD制图软件完成施工图一套（包括平面布置图、天花布置图、自选主要立面图、自选某一个剖面或节点图，共四张图纸），并将整套施工图以A3幅面打印出图。

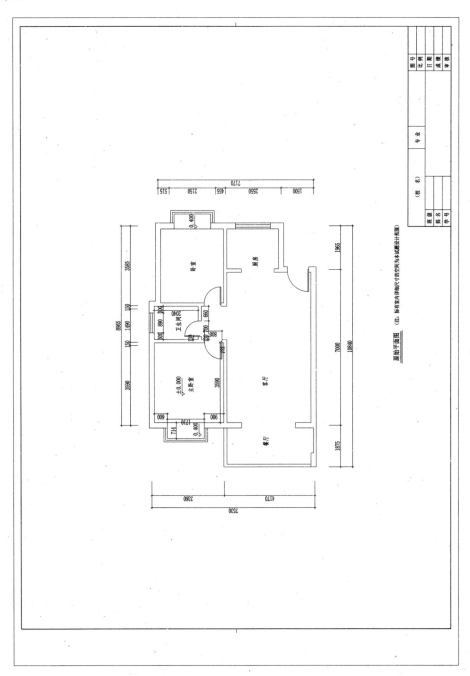

图 2-29

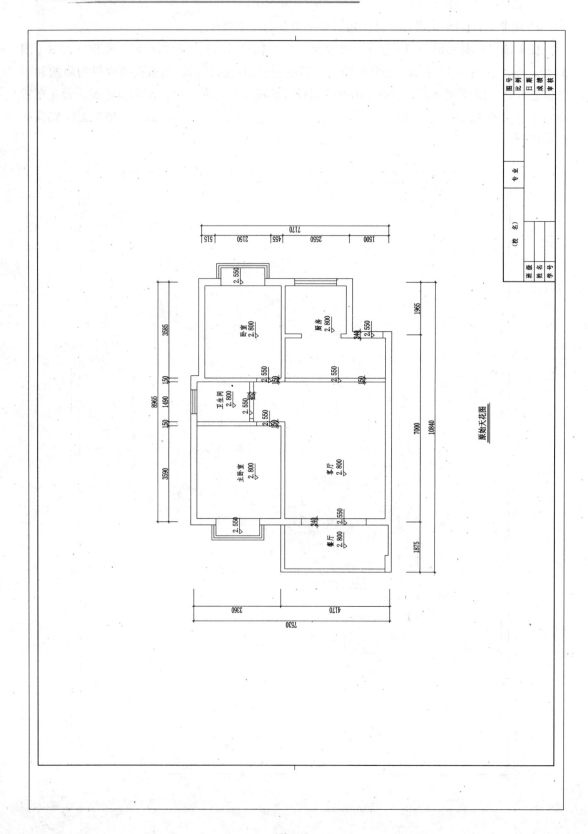

图 2-30

16.题号：1-1-16 试题：退休教师家居空间卧室设计

任务描述：某装饰公司承接了一个家居空间室内设计项目，户型特征、面积见附图（图2-31、图2-32）。业主为一对老年夫妇，均为退休教师。请根据所提供的附图和相关信息，针对其空间，利用AutoCAD制图软件完成施工图一套（包括平面布置图、天花布置图、自选主要立面图、自选某一个剖面或节点图，共四张图纸），并将整套施工图以A3幅面打印出图。

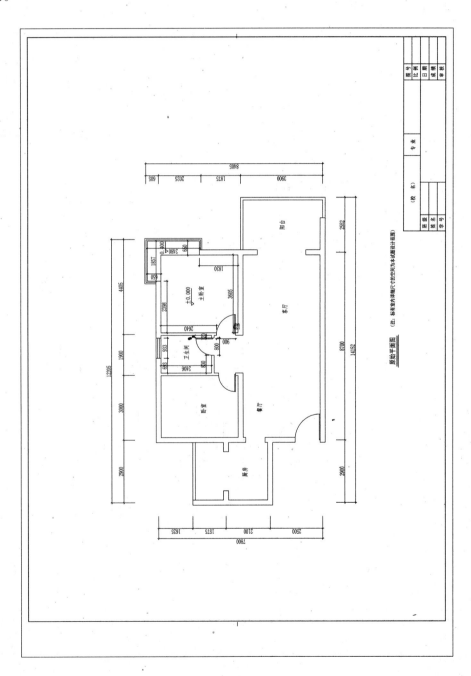

图 2-31

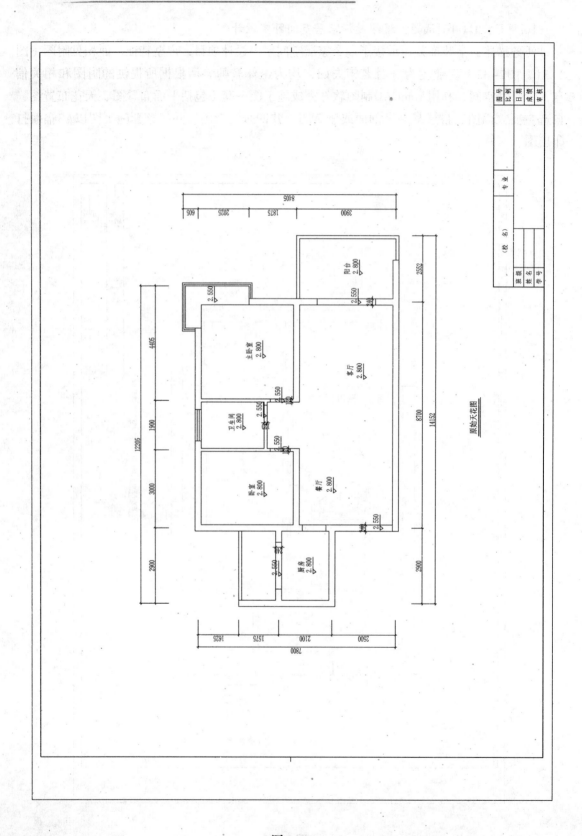

图 2-32

17.题号：1-1-17 试题：SOHO一族家居空间卧室设计

任务描述：某装饰公司承接了一个家居空间室内设计项目，户型特征、面积见附图（图2-33、图2-34）。业主为一未婚男青年，是SOHO一族。请根据所提供的附图和相关信息，针对其空间，利用AutoCAD制图软件完成施工图一套（包括平面布置图、天花布置图、自选主要立面图、自选某一个剖面或节点图，共四张图纸），并将整套施工图以A3幅面打印出图。

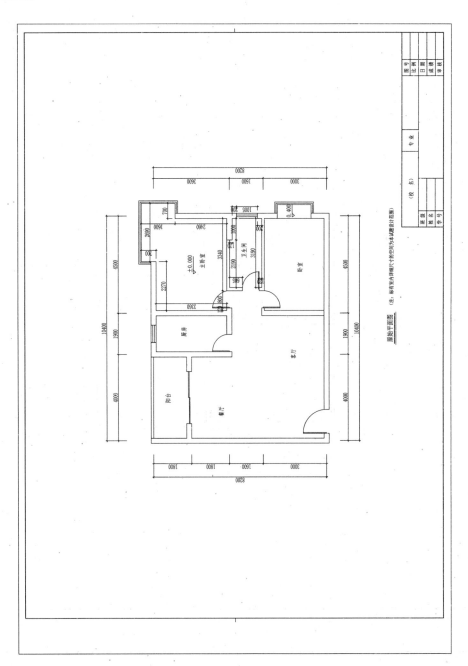

图 2-33

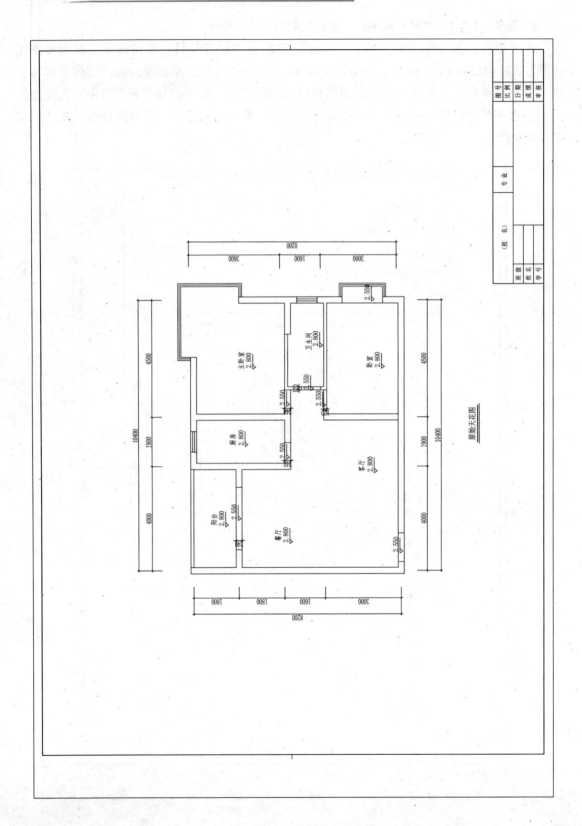

图 2-34

18.题号：1-1-18 试题：未婚公务员家居空间卧室设计

任务描述：某装饰公司承接了一个家居空间室内设计项目，户型特征、面积见附图（图2-35、图2-36）。业主为一未婚男青年，是公务员。请根据所提供的附图和相关信息，针对其空间，利用AutoCAD制图软件完成施工图一套（包括平面布置图、天花布置图、自选主要立面图、自选某一个剖面或节点图，共四张图纸），并将整套施工图以A3幅面打印出图。

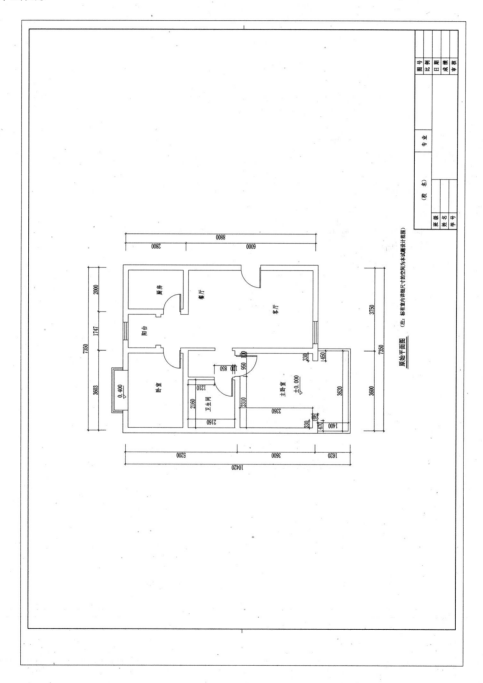

图 2-35

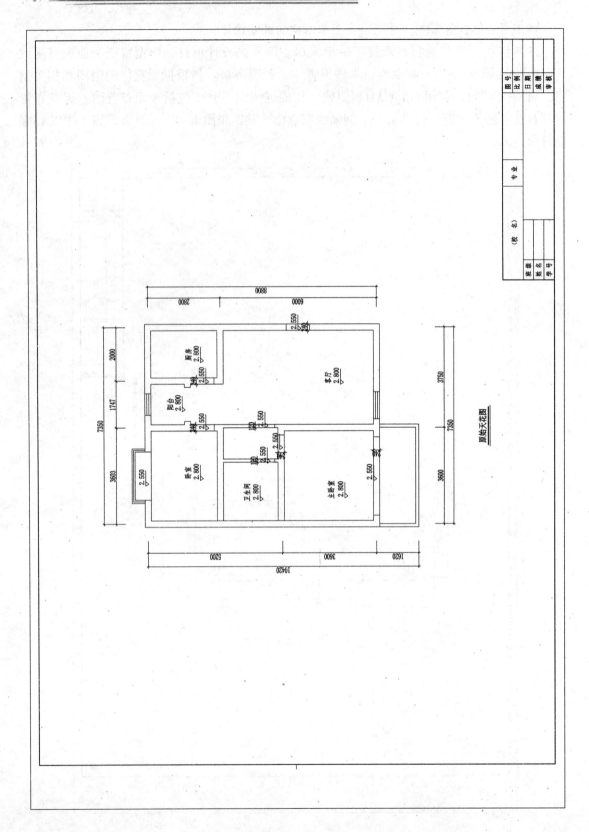

图 2-36

19.题号：1-1-19 试题：舞蹈演员家居空间卧室设计

任务描述：某装饰公司承接了一个家居空间室内设计项目，户型特征、面积见附图（图2-37、图2-38）。业主为一未婚女青年，职业为舞蹈演员。请根据所提供的附图和相关信息，针对其空间，利用AutoCAD制图软件完成施工图一套（包括平面布置图、天花布置图、自选主要立面图、自选某一个剖面或节点图，共四张图纸），并将整套施工图以A3幅面打印出图。

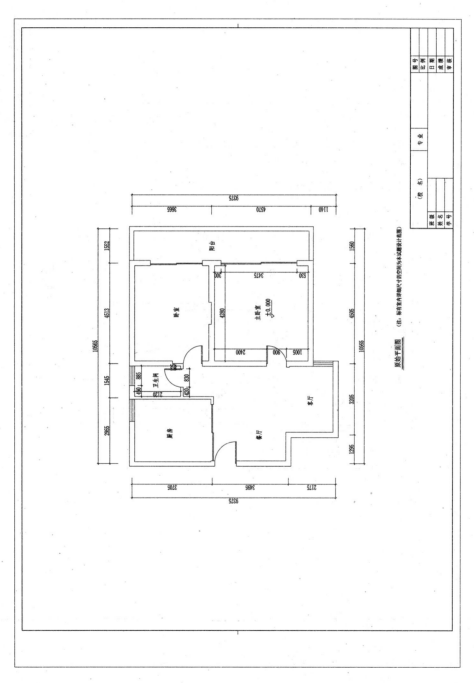

图2-37

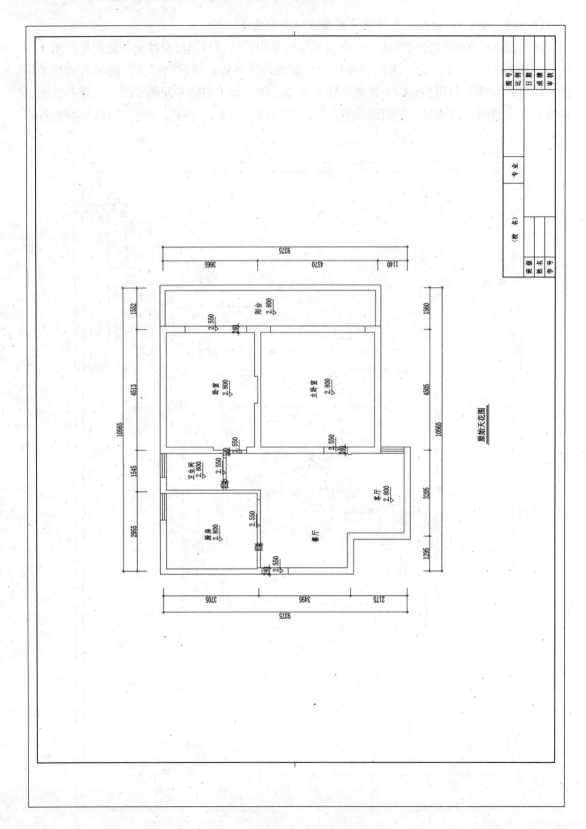

图 2-38

20.题号:1-1-20 试题:体操运动员家居空间卧室设计

任务描述:某装饰公司承接了一个家居空间室内设计项目,户型特征、面积见附图(图2-39、图2-40)。业主为一未婚女青年,职业为体操运动员。请根据所提供的附图和相关信息,针对其空间,利用AutoCAD制图软件完成施工图一套(包括平面布置图、天花布置图、自选主要立面图、自选某一个剖面或节点图,共四张图纸),并将整套施工图以A3幅面打印出图。

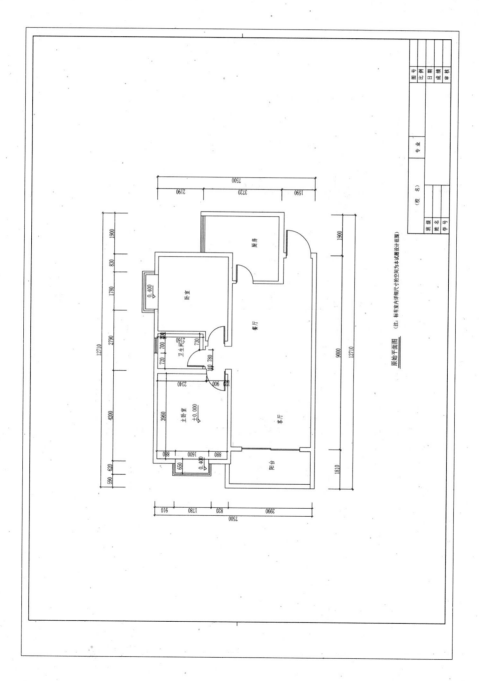

图2-39

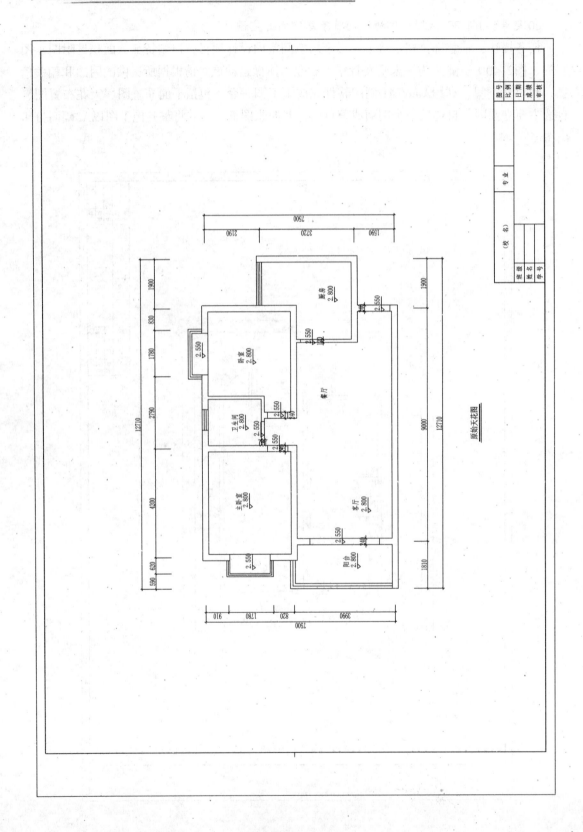

图 2-40

21.题号：1-1-21 试题：**外企高管家居空间卧室设计**

任务描述：某装饰公司承接了一个家居空间室内设计项目，户型特征、面积见附图（图2-41、图2-42）。业主为一未婚男青年，职业为外企高管。请根据所提供的附图和相关信息，针对其空间，利用AutoCAD制图软件完成施工图一套（包括平面布置图、天花布置图、自选主要立面图、自选某一个剖面或节点图，共四张图纸），并将整套施工图以A3幅面打印出图。

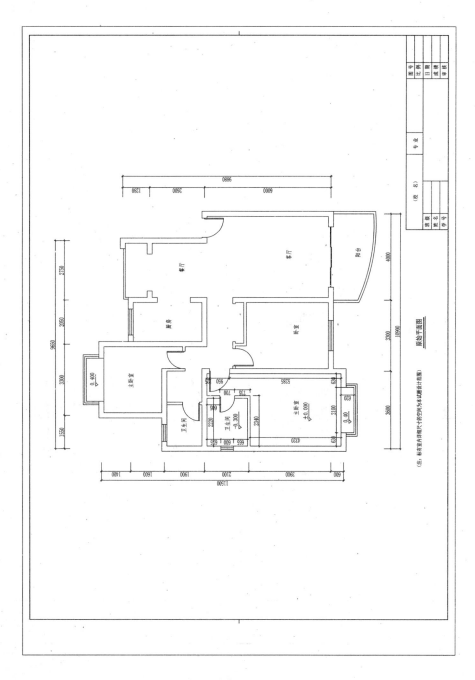

图2-41

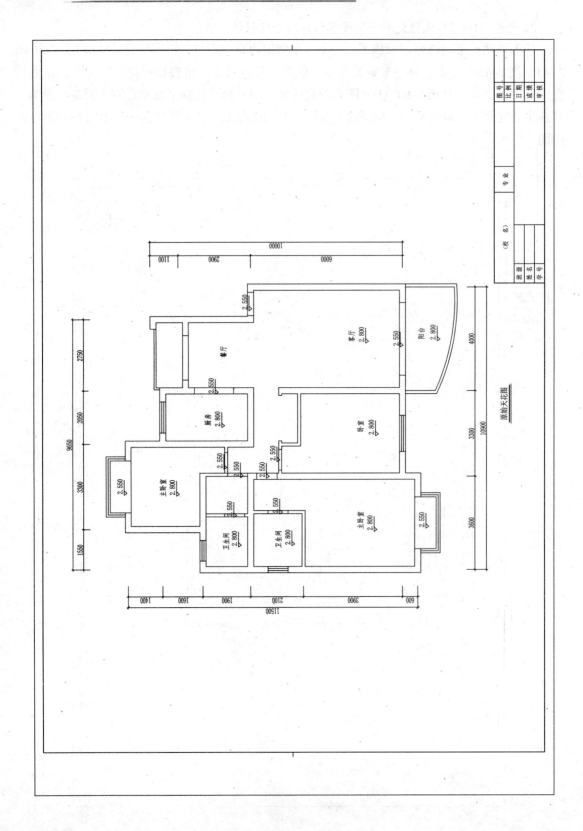

图 2–42

22.题号：1-1-22 试题：**英语翻译家居空间卧室设计**

任务描述：某装饰公司承接了一个家居空间室内设计项目，户型特征、面积见附图（图2-43、图2-44）。业主为一未婚女青年，职业为英语翻译。请根据所提供的附图和相关信息，针对其空间，利用AutoCAD制图软件完成施工图一套（包括平面布置图、天花布置图、自选主要立面图、自选某一个剖面或节点图，共四张图纸），并将整套施工图以A3幅面打印出图。

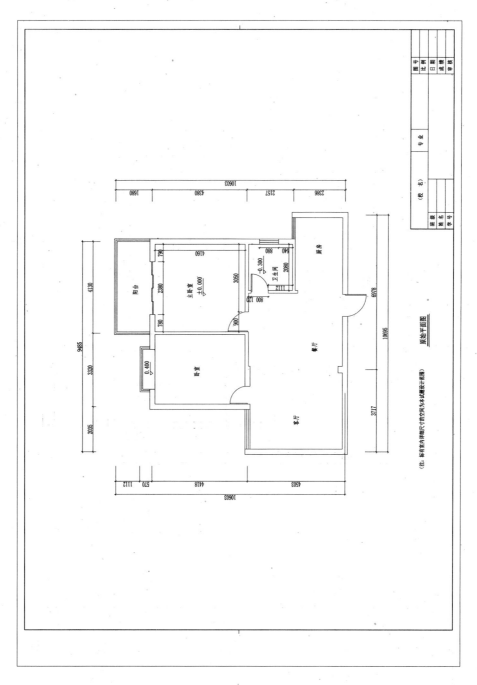

图 2-43

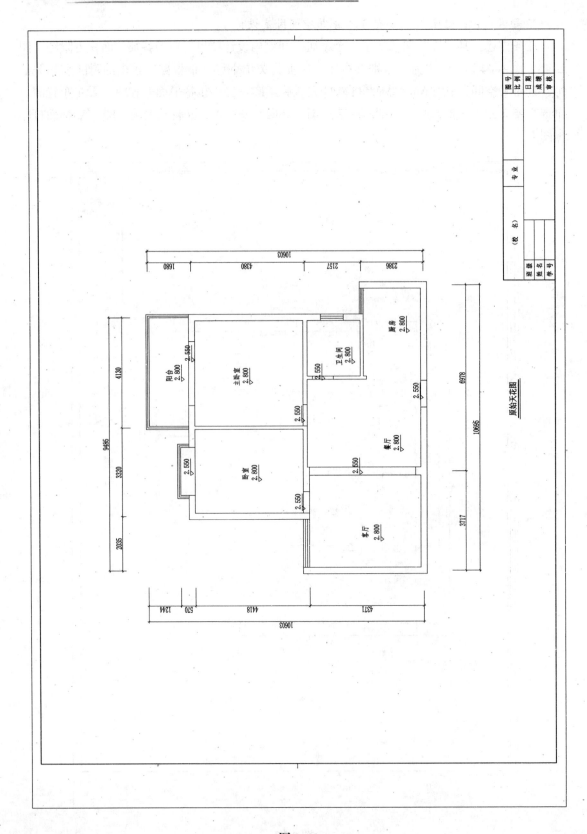

图 2-44

23.题号：1-1-23 试题：体育教练家居空间卧室设计

任务描述：某装饰公司承接了一个家居空间室内设计项目，户型特征、面积见附图（图2-45、图2-46）。业主为一未婚男青年，职业为体育教练。请根据所提供的附图和相关信息，针对其空间，利用AutoCAD制图软件完成施工图一套（包括平面布置图、天花布置图、自选主要立面图、自选某一个剖面或节点图，共四张图纸），并将整套施工图以A3幅面打印出图。

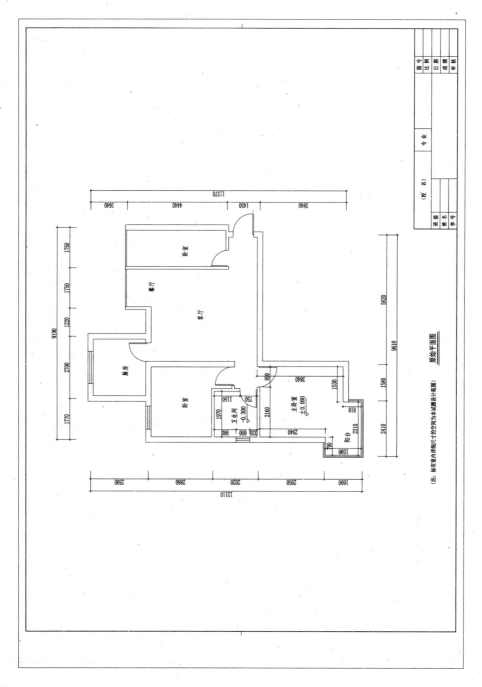

图 2-45

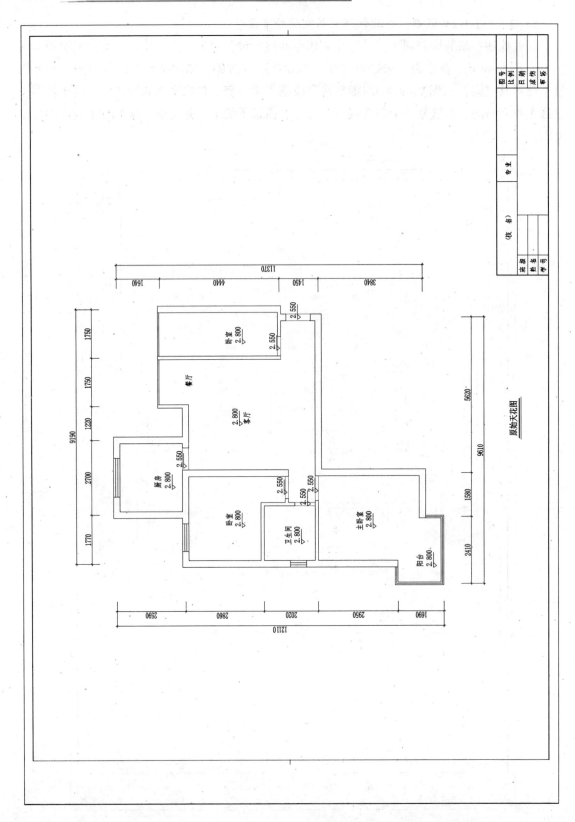

图 2-46

24.题号：1-1-24 试题：小学教师家居空间卧室设计

　　任务描述： 某装饰公司承接了一个家居空间室内设计项目，户型特征、面积见附图（图2-47、图2-48）。业主为一未婚女青年，职业为小学教师。请根据所提供的附图和相关信息，针对其空间，利用AutoCAD制图软件完成施工图一套（包括平面布置图、天花布置图、自选主要立面图、自选某一个剖面或节点图，共四张图纸），并将整套施工图以A3幅面打印出图。

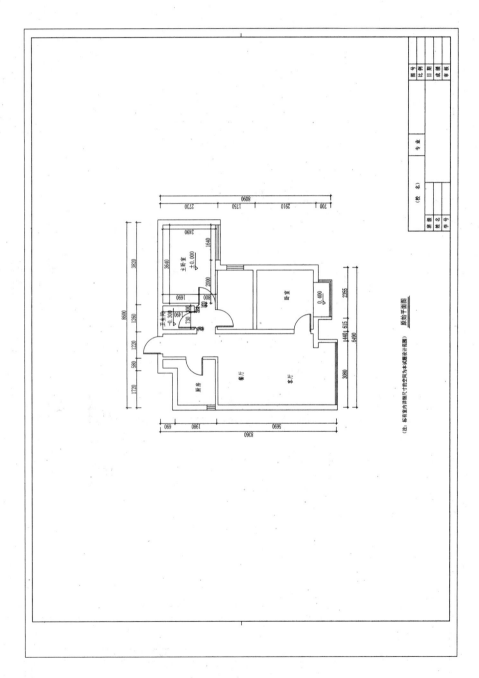

图 2-47

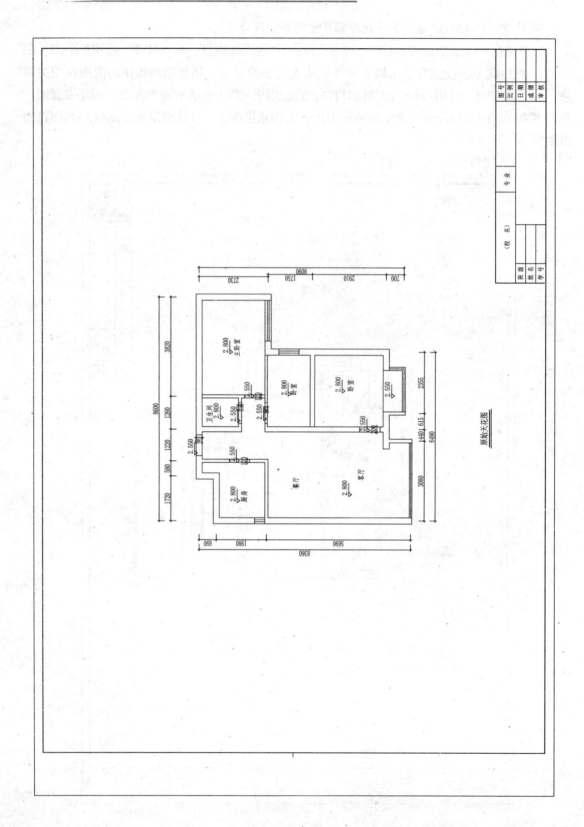

图 2-48

25.题号：1-1-25 试题：作曲家家居空间卧室设计

任务描述： 某装饰公司承接了一个家居空间室内设计项目，户型特征、面积见附图（图2-49、图2-50）。业主为一对中年夫妇，职业均为作曲家。请根据所提供的附图和相关信息，针对其空间，利用AutoCAD制图软件完成施工图一套（包括平面布置图、天花布置图、自选主要立面图、自选某一个剖面或节点图，共四张图纸），并将整套施工图以A3幅面打印出图。

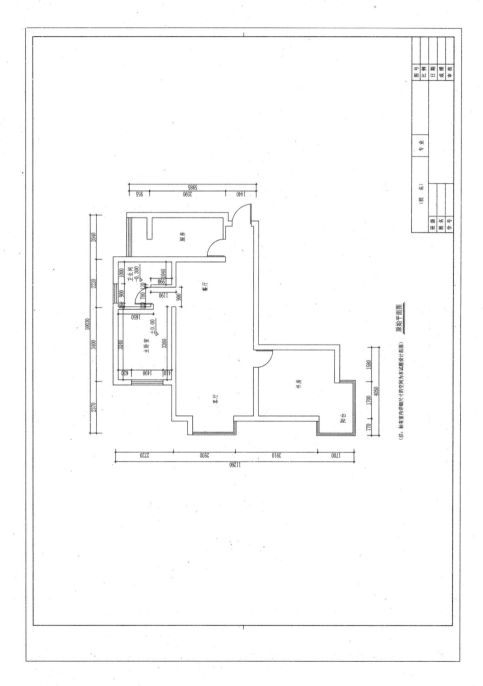

图 2-49

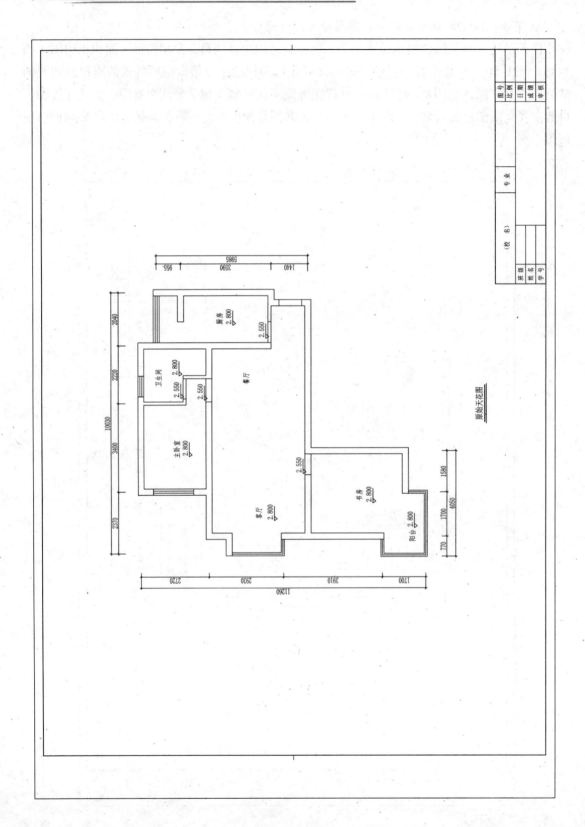

图 2-50

26.题号：1-1-26 试题：**大学政治教授家居空间卧室设计**

任务描述：某装饰公司承接了一个家居空间室内设计项目，户型特征、面积见附图（图2-51、图2-52）。业主为一对中年夫妇，职业均为大学政治教授。请根据所提供的附图和相关信息，针对其空间，利用AutoCAD制图软件完成施工图一套（包括平面布置图、天花布置图、自选主要立面图、自选某一个剖面或节点图，共四张图纸），并将整套施工图以A3幅面打印出图。

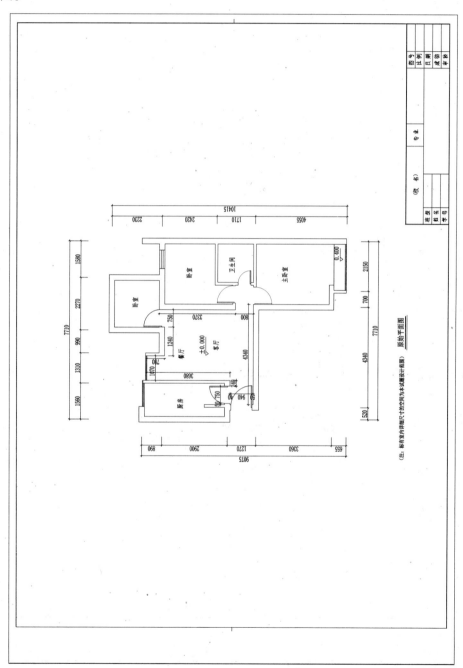

图 2-51

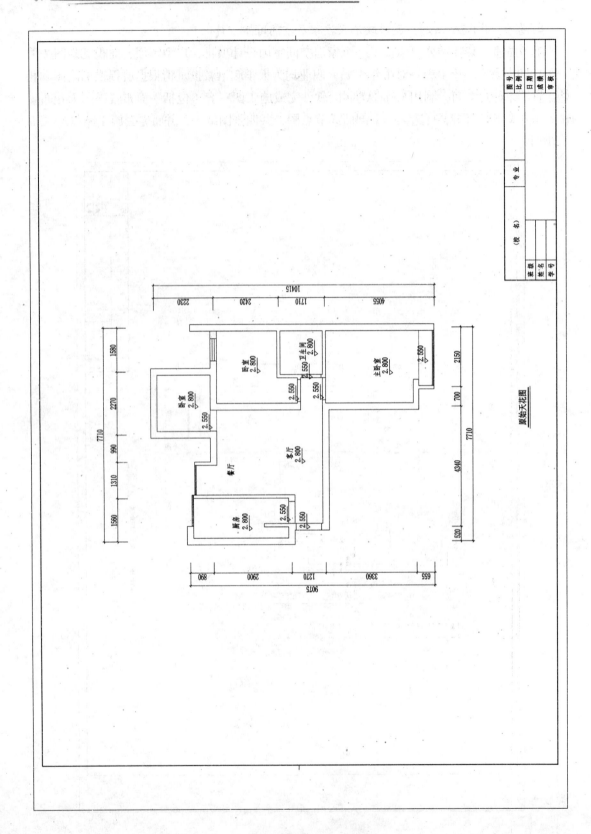

图 2-52

27.题号：1-1-27 试题：室内设计师家居空间卧室设计

任务描述：某装饰公司承接了一个家居空间室内设计项目，户型特征、面积见附图（图2-53、图2-54）。业主为一未婚男青年，职业为室内设计师。请根据所提供的附图和相关信息，针对其空间，利用AutoCAD制图软件完成施工图一套（包括平面布置图、天花布置图、自选主要立面图、自选某一个剖面或节点图，共四张图纸），并将整套施工图以A3幅面打印出图。

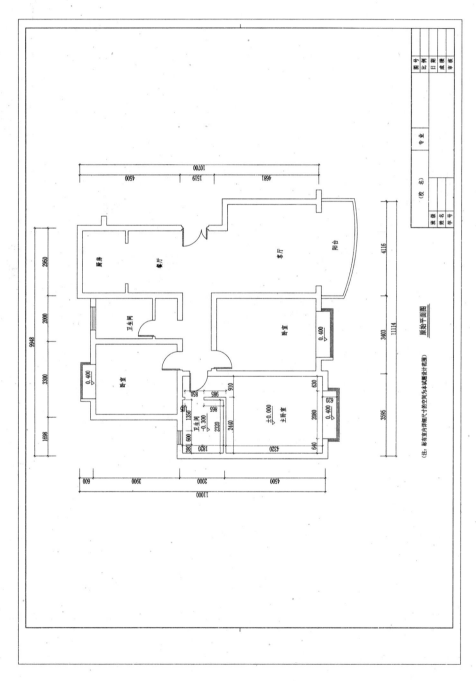

图 2-53

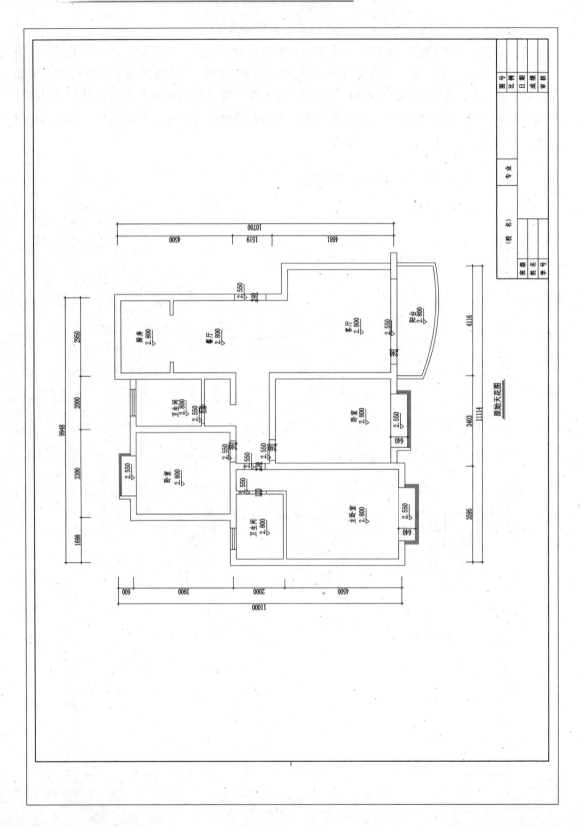

图 2-54

28.题号：1-1-28 试题：中学物理教师家居空间卧室设计

　　任务描述：某装饰公司承接了一个家居空间室内设计项目，户型特征、面积见附图（图2-55、图2-56）。业主为一未婚男青年，职业为中学物理教师。请根据所提供的附图和相关信息，针对其空间，利用AutoCAD制图软件完成施工图一套（包括平面布置图、天花布置图、自选主要立面图、自选某一个剖面或节点图，共四张图纸），并将整套施工图以A3幅面打印出图。

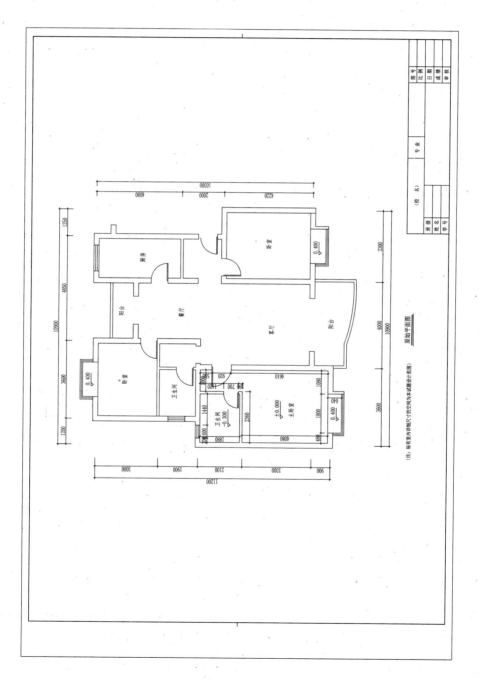

图 2-55

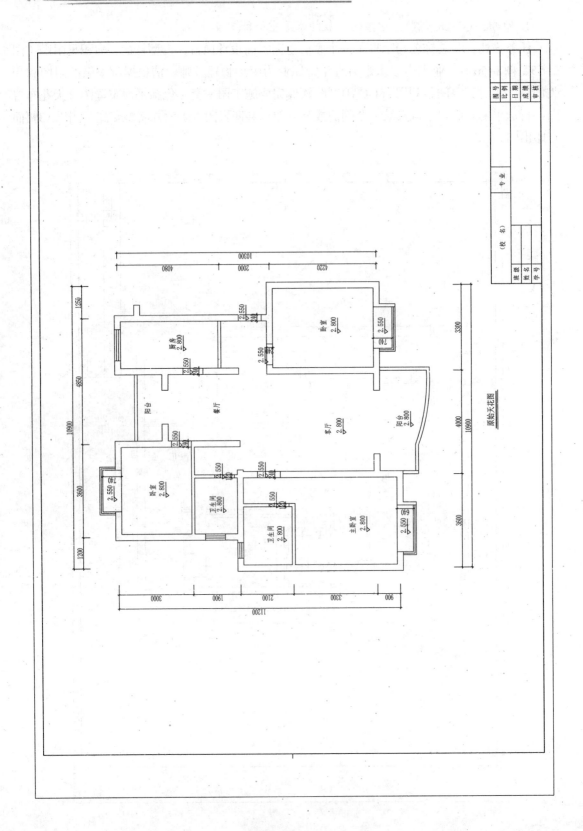

图 2-56

29.题号：1-1-29 试题：电视台主持人家居空间卧室设计

任务描述：某装饰公司承接了一个家居空间室内设计项目，户型特征、面积见附图（图2-57、图2-58）。业主为一未婚女青年，职业为电视台主持人。请根据所提供的附图和相关信息，针对其空间，利用AutoCAD制图软件完成施工图一套（包括平面布置图、天花布置图、自选主要立面图、自选某一个剖面或节点图，共四张图纸），并将整套施工图以A3幅面打印出图。

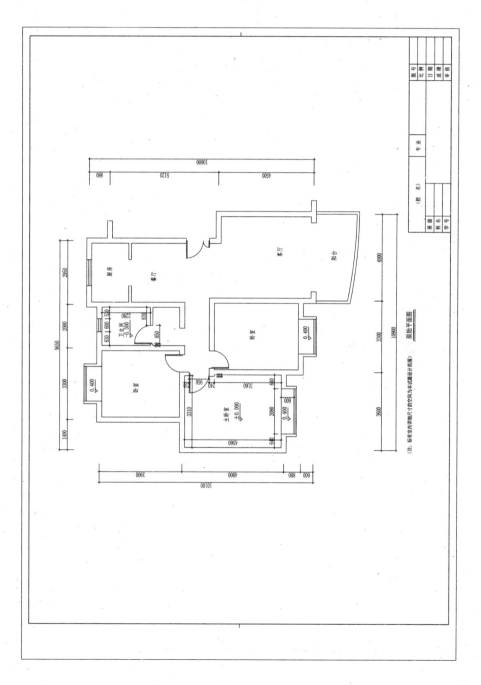

图 2-57

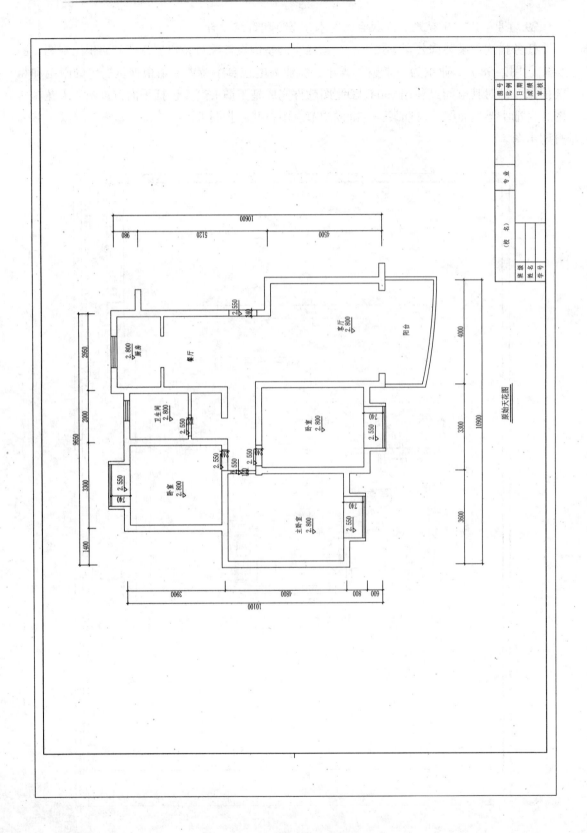

图 2-58

30.题号：1-1-30 试题：报社编辑家居空间卧室设计

任务描述：某装饰公司承接了一个家居空间室内设计项目，户型特征、面积见附图（图2-59、图2-60）。业主为一对中年夫妇，职业均为报社编辑。请根据所提供的附图和相关信息，针对其空间，利用AutoCAD制图软件完成施工图一套（包括平面布置图、天花布置图、自选主要立面图、自选某一个剖面或节点图，共四张图纸），并将整套施工图以A3幅面打印出图。

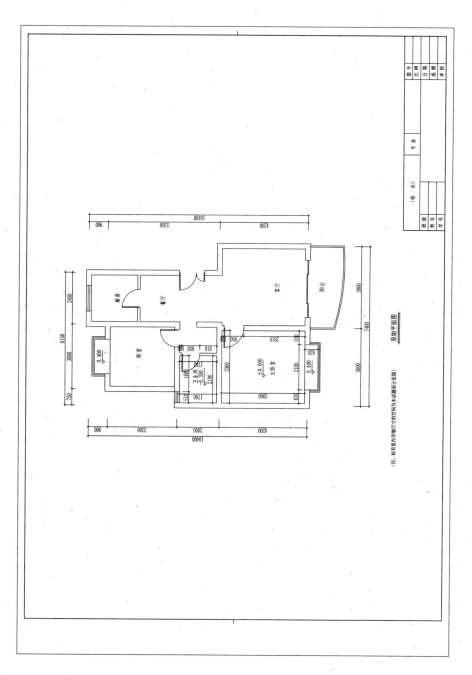

图 2-59

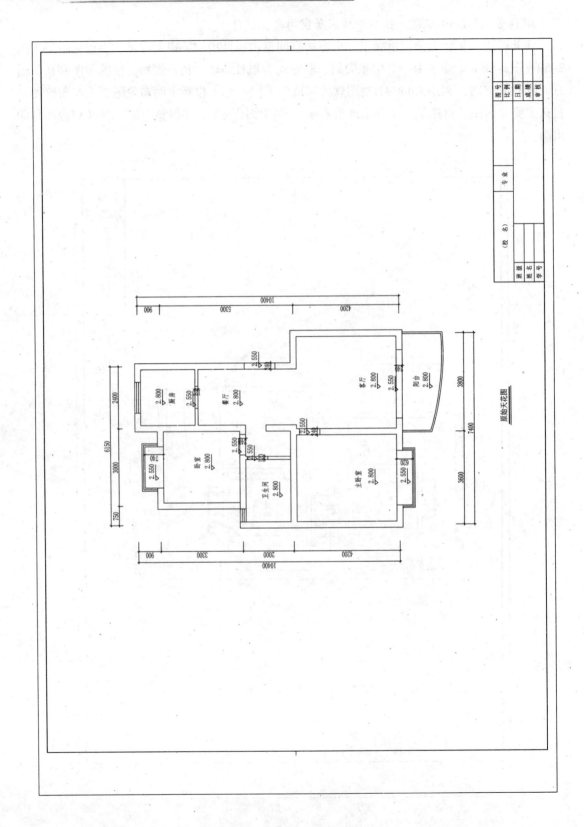

图 2-60

31.题号：1-1-31 试题：电脑工程师家居空间卧室设计

任务描述：某装饰公司承接了一个家居空间室内设计项目，户型特征、面积见附图（图2-61、图2-62）。业主为一未婚男青年，职业为电脑工程师。请根据所提供的附图和相关信息，针对其空间，利用AutoCAD制图软件完成施工图一套（包括平面布置图、天花布置图、自选主要立面图、自选某一个剖面或节点图，共四张图纸），并将整套施工图以A3幅面打印出图。

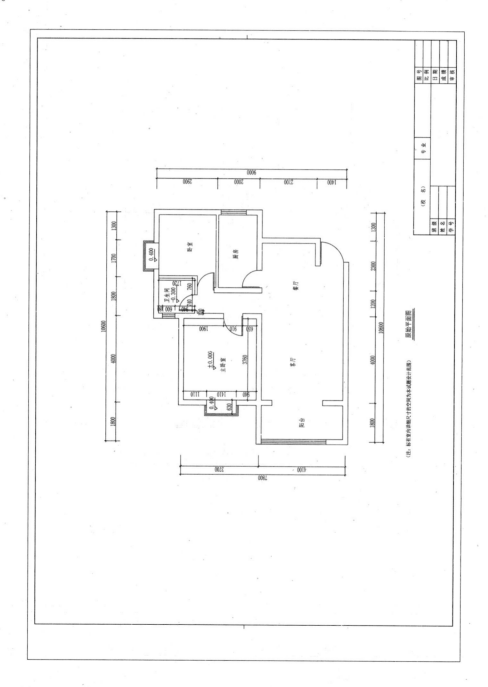

图2-61

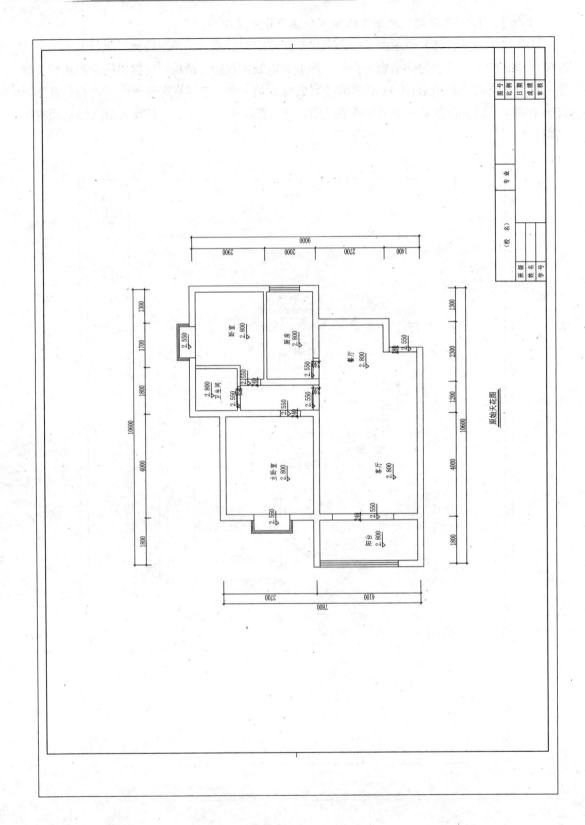

图 2-62

32.题号：1-1-32 试题：空乘服务人员家居空间卧室设计

任务描述：某装饰公司承接了一个家居空间室内设计项目，户型特征、面积见附图（图2-63、图2-64）。业主为一未婚女青年，职业为空乘服务人员。请根据所提供的附图和相关信息，针对其空间，利用AutoCAD制图软件完成施工图一套（包括平面布置图、天花布置图、自选主要立面图、自选某一个剖面或节点图，共四张图纸），并将整套施工图以A3幅面打印出图。

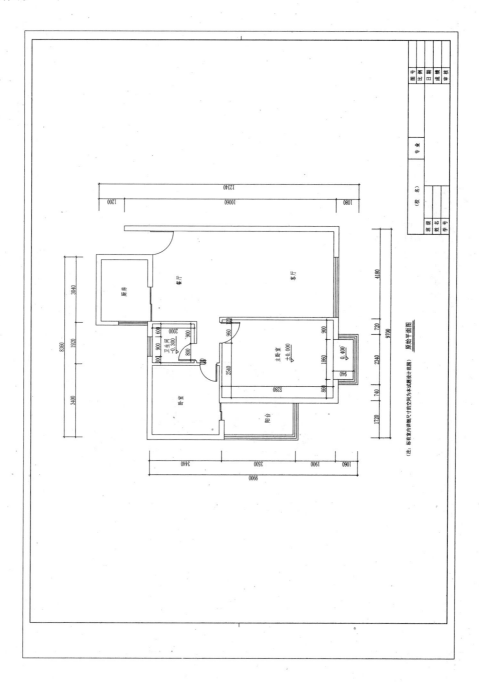

图 2-63

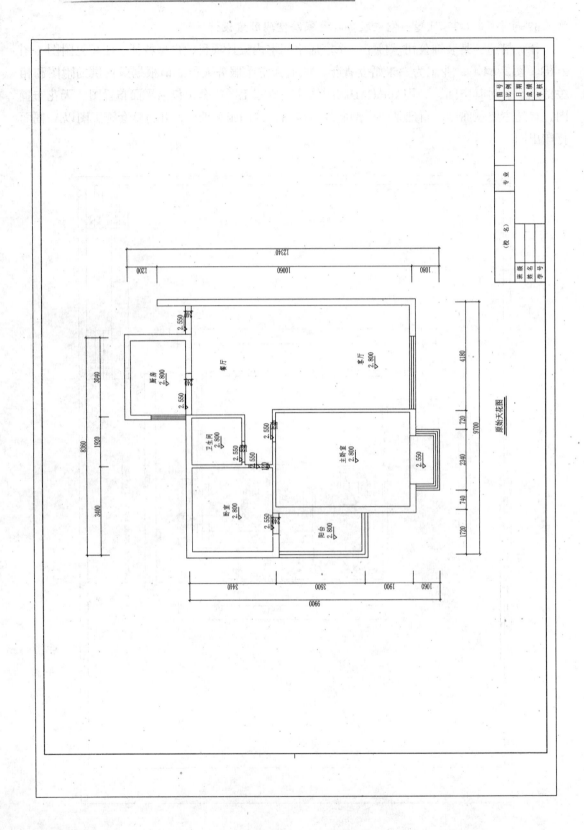

图 2-64

33.题号：1-1-33 试题：工艺品销售商人家居空间卧室设计

任务描述：某装饰公司承接了一个家居空间室内设计项目，户型特征、面积见附图（图2-65、图2-66）。业主为一未婚男青年，职业为工艺品销售商人。请根据所提供的附图和相关信息，针对其空间，利用AutoCAD制图软件完成施工图一套（包括平面布置图、天花布置图、自选主要立面图、自选某一个剖面或节点图，共四张图纸），并将整套施工图以A3幅面打印出图。

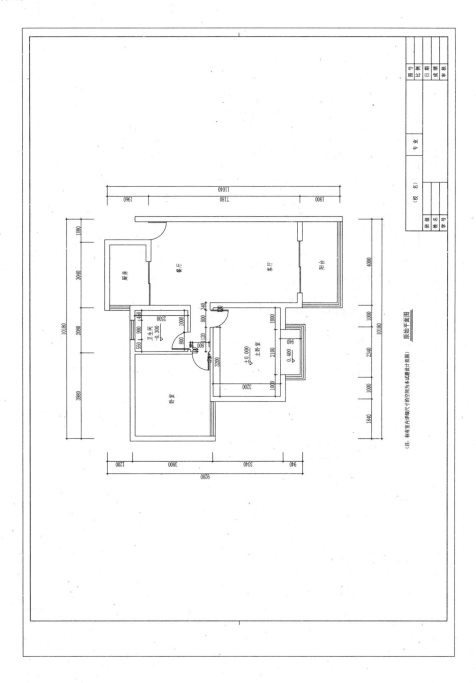

图 2-65

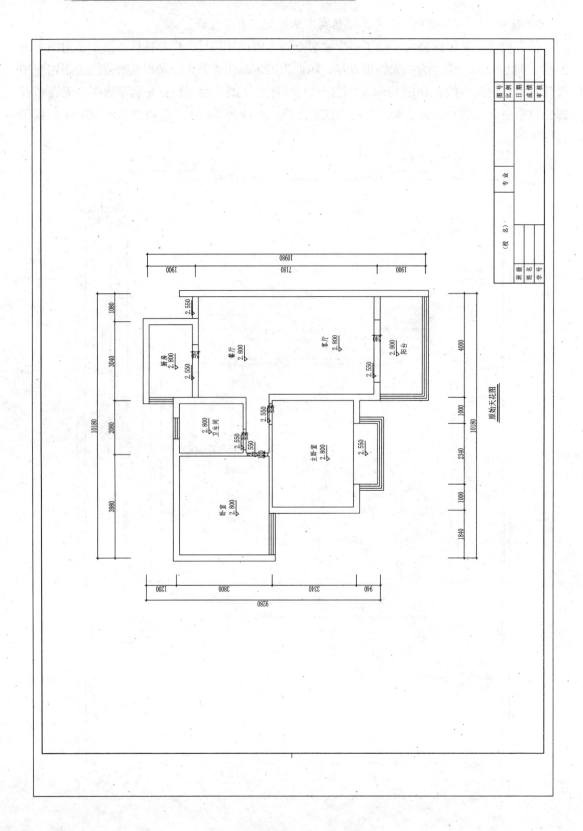

图 2-66

34.题号：1-1-34 试题：涉外导游家居空间卧室设计

任务描述：某装饰公司承接了一个家居空间室内设计项目，户型特征、面积见附图（图2-67、图2-68）。业主为一未婚女青年，职业为涉外导游。请根据所提供的附图和相关信息，针对其空间，利用AutoCAD制图软件完成施工图一套（包括平面布置图、天花布置图、自选主要立面图、自选某一个剖面或节点图，共四张图纸），并将整套施工图以A3幅面打印出图。

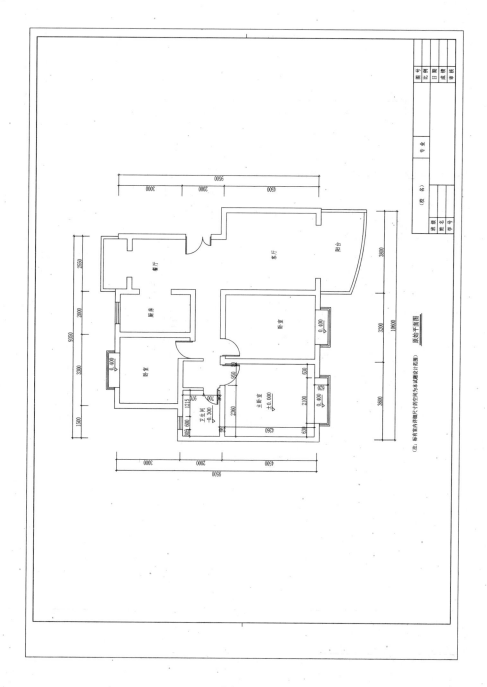

图 2-67

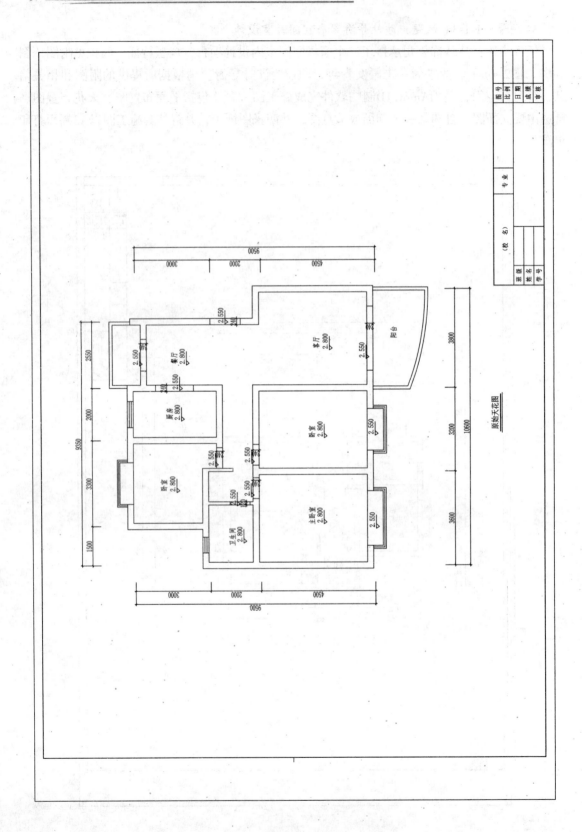

图 2-68

35.题号：1-1-35 试题：地质工作者家居空间卧室设计

任务描述：某装饰公司承接了一个家居空间室内设计项目，户型特征、面积见附图（图2-69、图2-70）。业主为一未婚男青年，职业为地质工作者。请根据所提供的附图和相关信息，针对其空间，利用AutoCAD制图软件完成施工图一套（包括平面布置图、天花布置图、自选主要立面图、自选某一个剖面或节点图，共四张图纸），并将整套施工图以A3幅面打印出图。

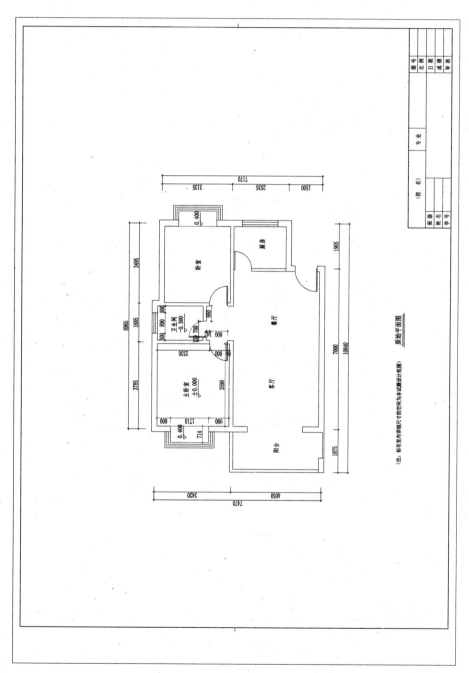

图 2-69

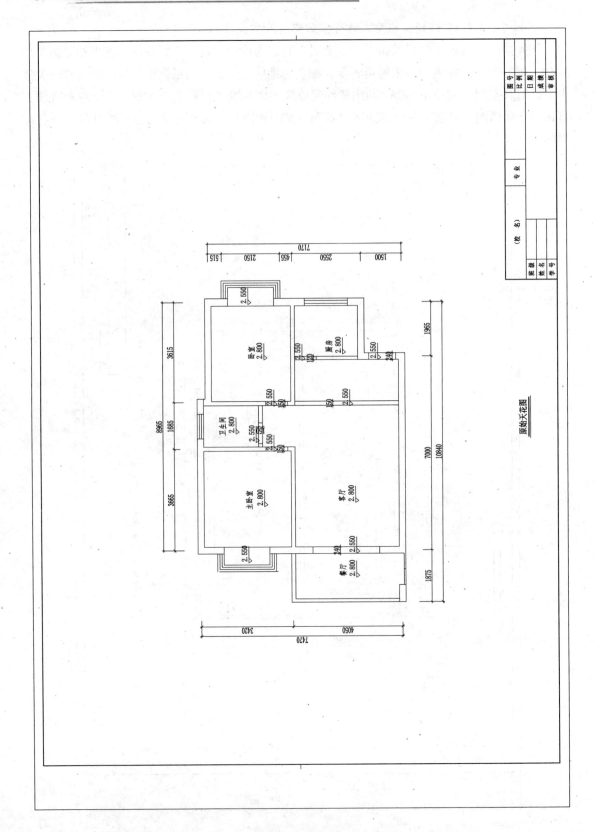

图 2-70

（二）公共空间设计CAD制图项目

1.题号：1-2-1 试题：某广告设计公司设计总监办公室设计

任务描述：某装饰公司承接了某广告设计公司室内设计项目，设计的重点为设计总监办公室，要求具备办公、接待以及展示公司业绩的功能。请根据所提供的附图（图2-71、图2-72）和相关信息，针对其空间，利用AutoCAD制图软件完成施工图一套（包括平面布置图、天花布置图、自选主要立面图、自选某一个剖面或节点图，共四张图纸），并将整套施工图以A3幅面打印出图。

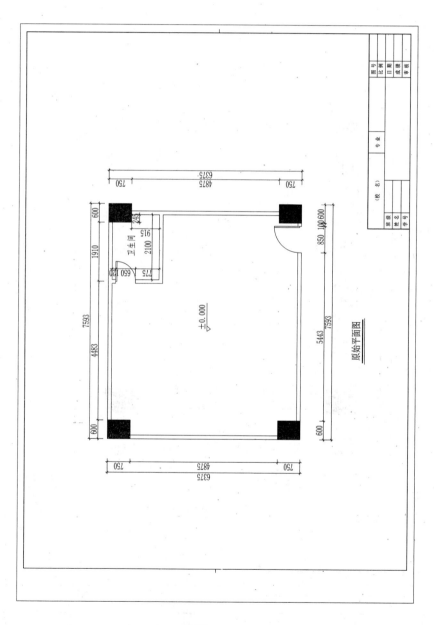

图 2-71

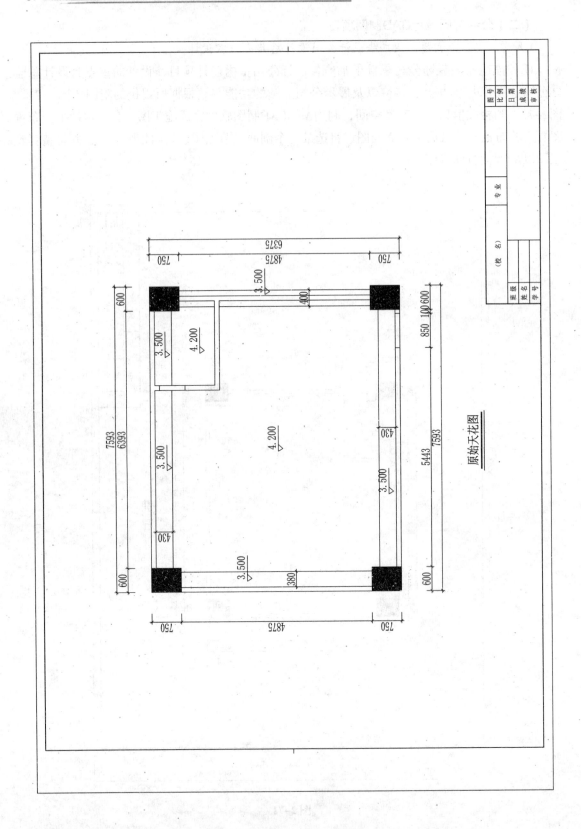

原始天花图

图 2-72

2.题号：1-2-2 试题：某服装企业会议室设计

任务描述：某装饰公司承接了某服装企业办公楼室内设计项目，设计的重点为会议室，要求具备会议及展示公司产品的功能。请根据所提供的附图（图2-73、图2-74）和相关信息，针对其空间，利用AutoCAD制图软件完成施工图一套（包括平面布置图、天花布置图、自选主要立面图、自选某一个剖面或节点图，共四张图纸），并将整套施工图以A3幅面打印出图。

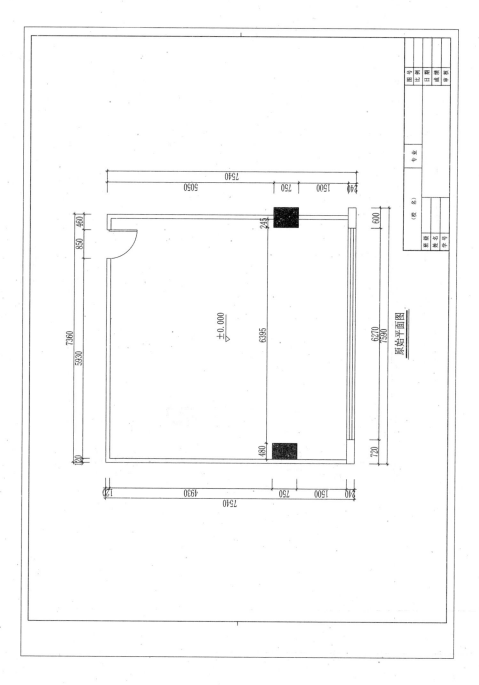

图 2-73

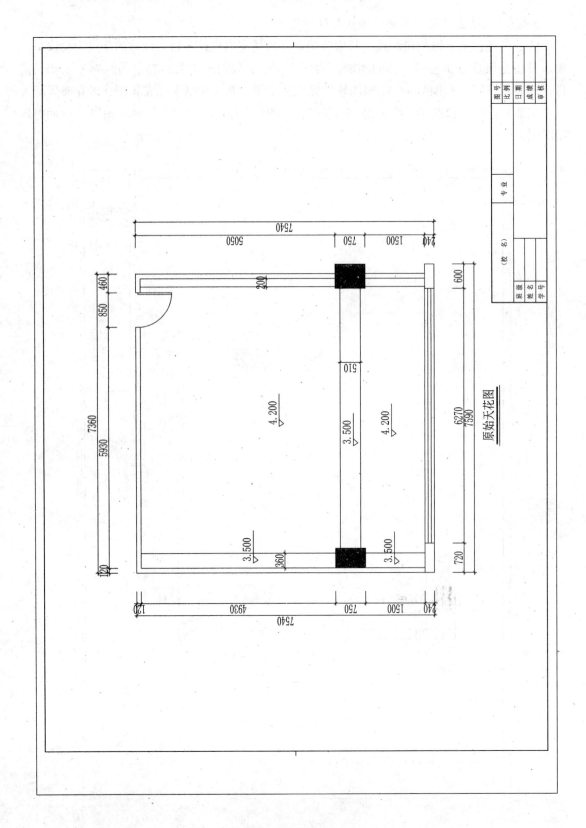

原始天花图

图 2-74

3.题号：1-2-3 试题：某电信企业会议室设计

任务描述：某装饰公司承接了某电信企业办公楼室内设计项目，设计的重点为会议室，要求具备会议及公司形象展示功能。请根据所提供的附图（图2-75、图2-76）和相关信息，针对其空间，利用AutoCAD制图软件完成施工图一套（包括平面布置图、天花布置图、自选主要立面图、自选某一个剖面或节点图，共四张图纸），并将整套施工图以A3幅面打印出图。

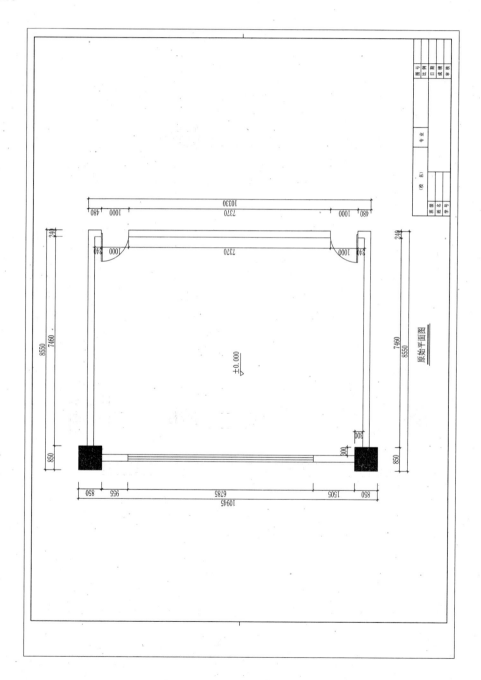

图2-75

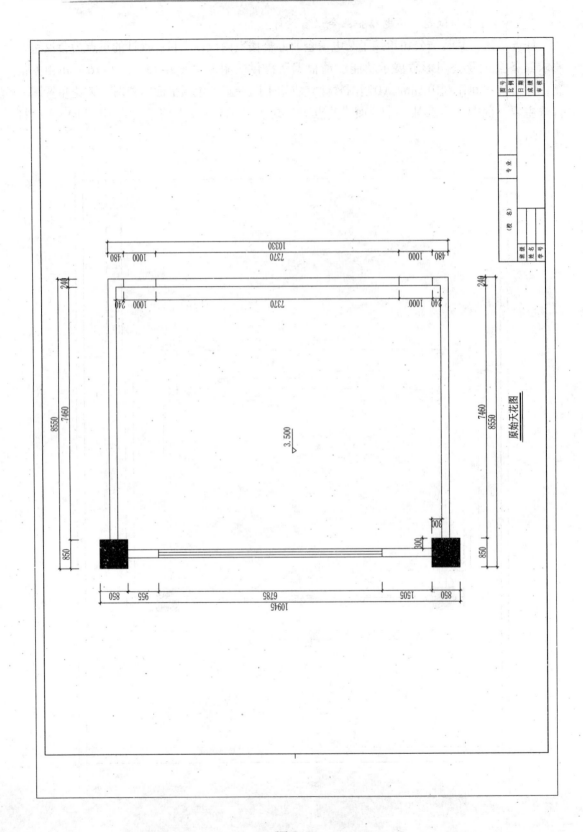

原始天花图

图 2-76

4.题号：1-2-4 试题：某高校领导会议室设计

任务描述： 某装饰公司承接了某高校办公楼室内设计项目，设计的重点为领导会议室，要求具备会议及高校形象展示功能。请根据所提供的附图（图2-77、图2-78）和相关信息，针对其空间，利用AutoCAD制图软件完成施工图一套（包括平面布置图、天花布置图、自选主要立面图、自选某一个剖面或节点图，共四张图纸），并将整套施工图以A3幅面打印出图。

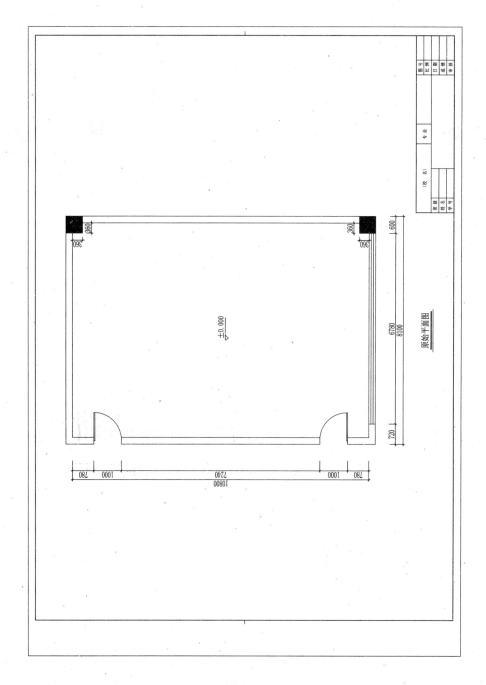

图 2-77

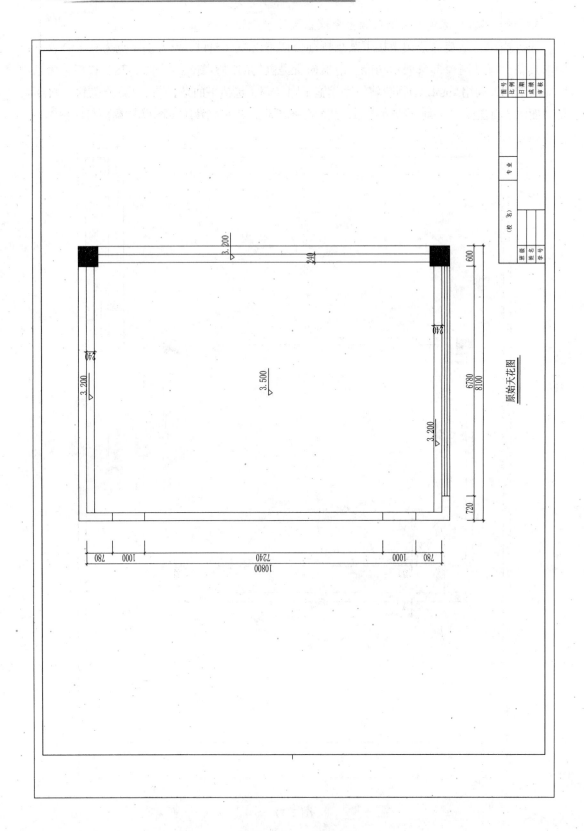

原始天花图

图 2–78

5.题号：1-2-5 试题：某销售企业董事长办公室设计

任务描述：某装饰公司承接了某销售企业办公楼室内设计项目，设计的重点为董事长办公室，要求具备办公、接待及展示公司产品的功能。请根据所提供的附图（图2-79、图2-80）和相关信息，针对其空间，利用AutoCAD制图软件完成施工图一套（包括平面布置图、天花布置图、自选主要立面图、自选某一个剖面或节点图，共四张图纸），并将整套施工图以A3幅面打印出图。

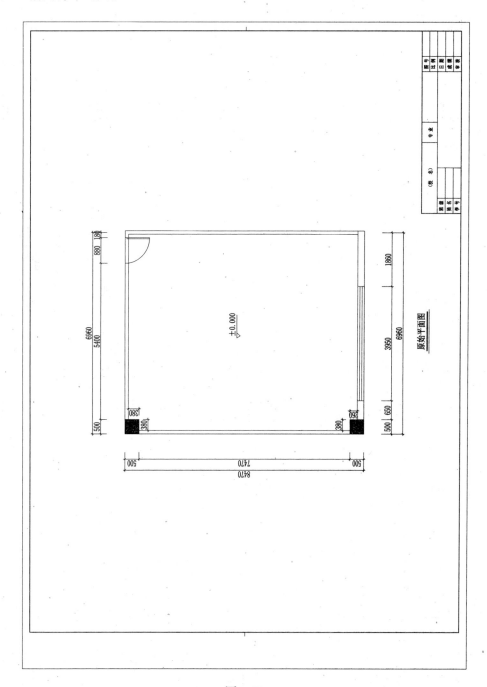

图 2-79

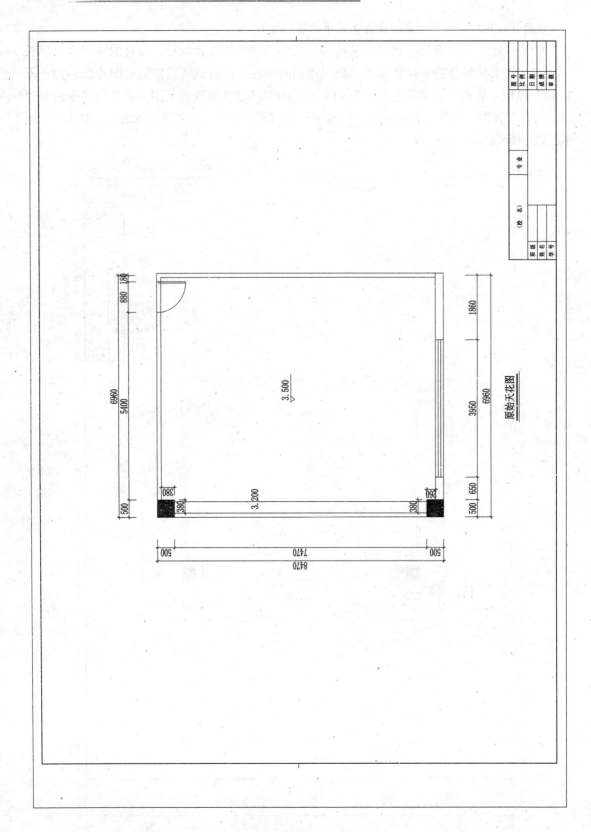

图 2-80

6.题号：1-2-6 试题：某动画公司设计部办公室设计

任务描述：某装饰公司承接了某动画公司办公楼室内设计项目，设计的重点为设计部办公室，要求具备容纳8名员工办公及接待的功能。请根据所提供的附图（图2-81、图2-82）和相关信息，针对其空间，利用AutoCAD制图软件完成施工图一套（包括平面布置图、天花布置图、自选主要立面图、自选某一个剖面或节点图，共四张图纸），并将整套施工图以A3幅面打印出图。

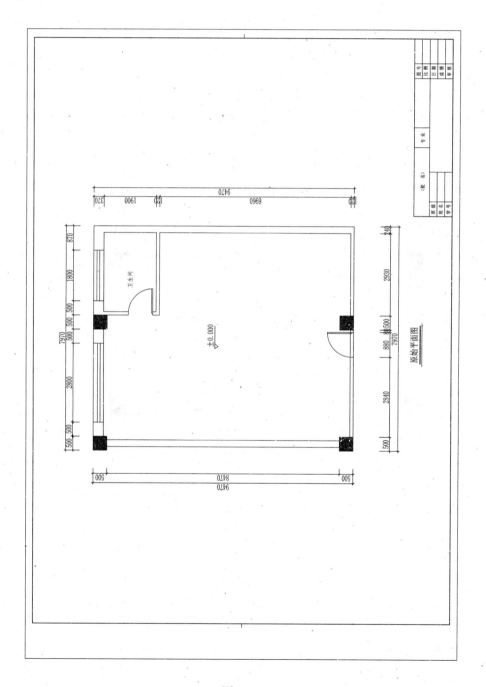

图 2-81

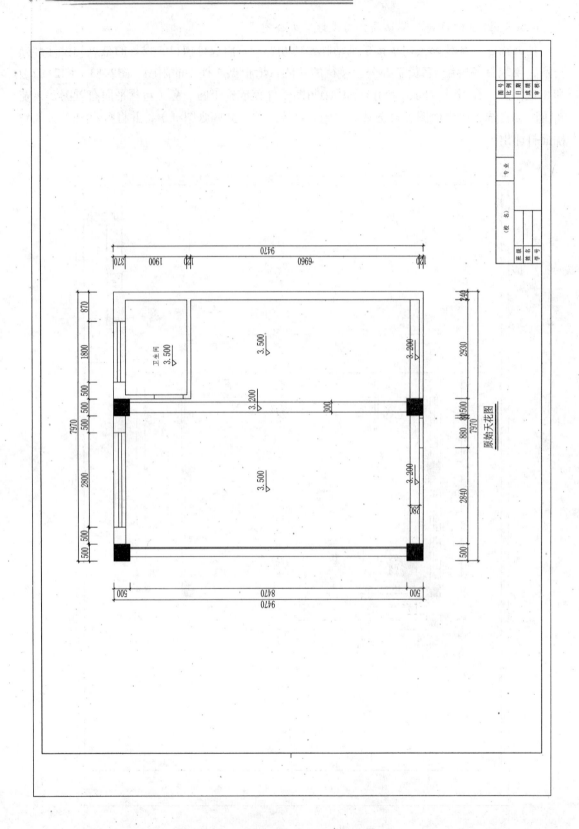

图 2-82

7.题号：1-2-7 试题：某运动服装专卖店设计

任务描述： 某装饰公司承接了某运动服装专卖店室内设计项目，要求具备服装售卖及储存功能，对品牌形象具有良好的展示效果。请根据所提供的附图（图2-83、图2-84）和相关信息，针对其空间，利用AutoCAD制图软件完成施工图一套（包括平面布置图、天花布置图、自选主要立面图、自选某一个剖面或节点图，共四张图纸），并将整套施工图以A3幅面打印出图。

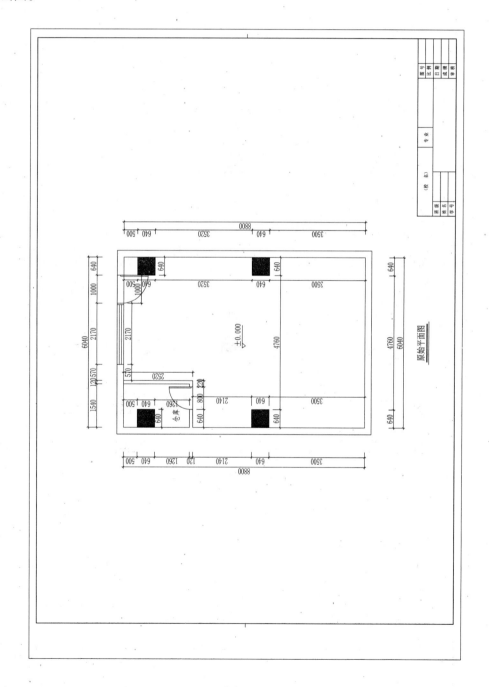

图 2-83

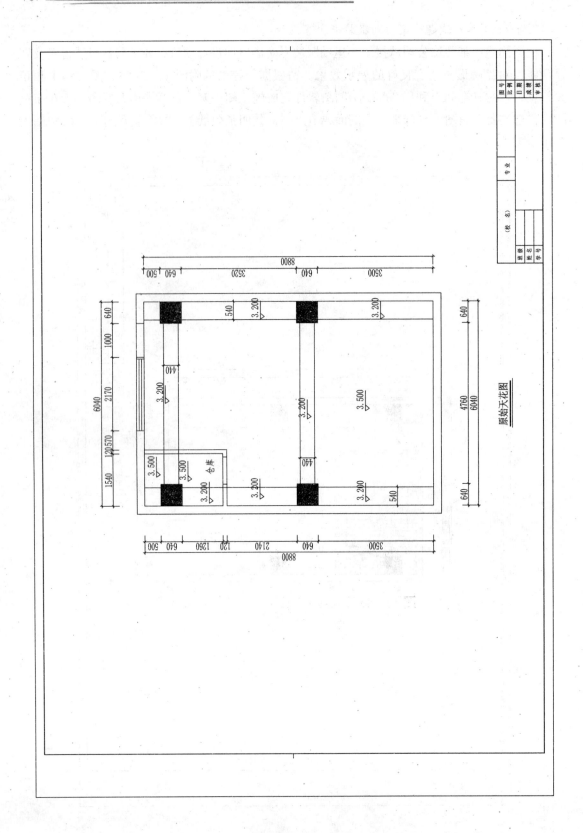

图 2-84

8.题号：1-2-8 试题：**某女式皮鞋专卖店设计**

任务描述：某装饰公司承接了某女式皮鞋专卖店室内设计项目，要求具备皮鞋售卖及储存功能，对品牌形象具有良好的展示效果。请根据所提供的附图（图2-85、图2-86）和相关信息，针对其空间，利用AutoCAD制图软件完成施工图一套（包括平面布置图、天花布置图、自选主要立面图、自选某一个剖面或节点图，共四张图纸），并将整套施工图以A3幅面打印出图。

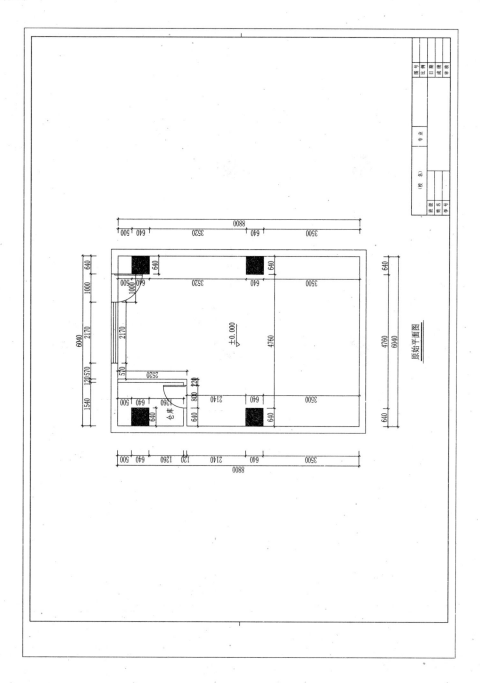

图 2-85

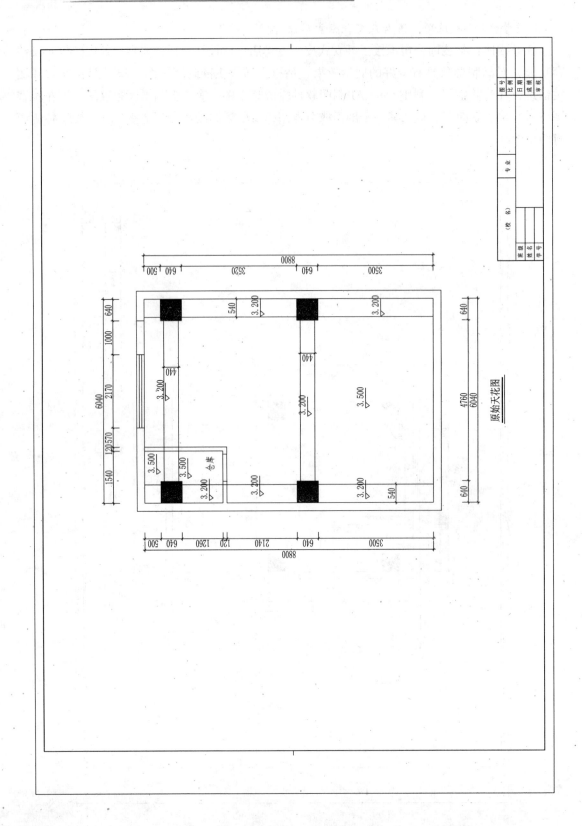

图 2-86

9.题号：1-2-9 试题：某钟表专卖店设计

任务描述：某装饰公司承接了某钟表专卖店室内设计项目，要求具备钟表售卖及储存功能，对品牌形象具有良好的展示效果。请根据所提供的附图（图2-87、图2-88）和相关信息，针对其空间，利用AutoCAD制图软件完成施工图一套（包括平面布置图、天花布置图、自选主要立面图、自选某一个剖面或节点图，共四张图纸），并将整套施工图以A3幅面打印出图。

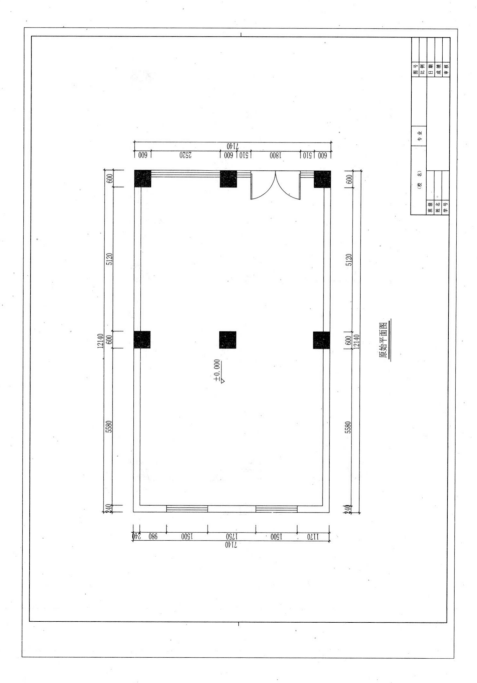

图 2-87

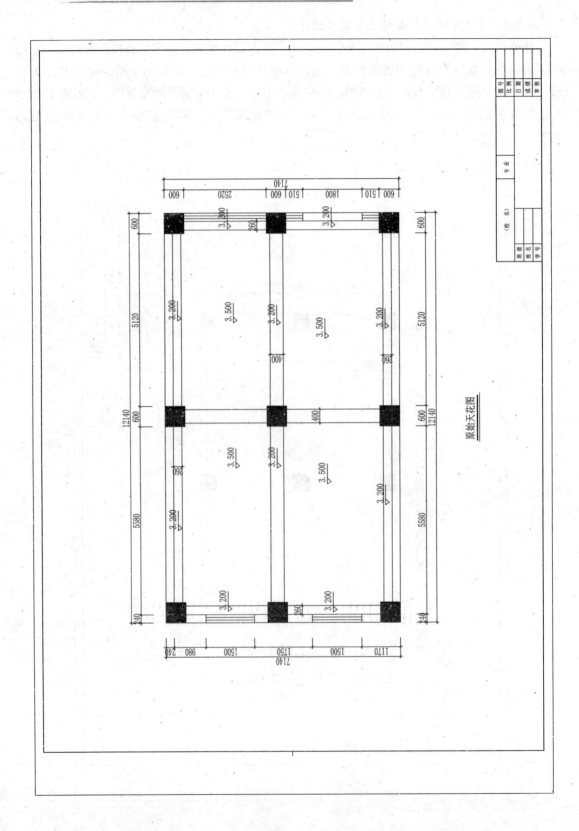

图 2-88

10.题号：1-2-10 试题：某眼镜专卖店设计

任务描述：某装饰公司承接了某眼镜专卖店室内设计项目，要求具备眼镜售卖及储存功能，对品牌形象具有良好的展示效果。请根据所提供的附图（图2-89、图2-90）和相关信息，针对其空间，利用AutoCAD制图软件完成施工图一套（包括平面布置图、天花布置图、自选主要立面图、自选某一个剖面或节点图，共四张图纸），并将整套施工图以A3幅面打印出图。

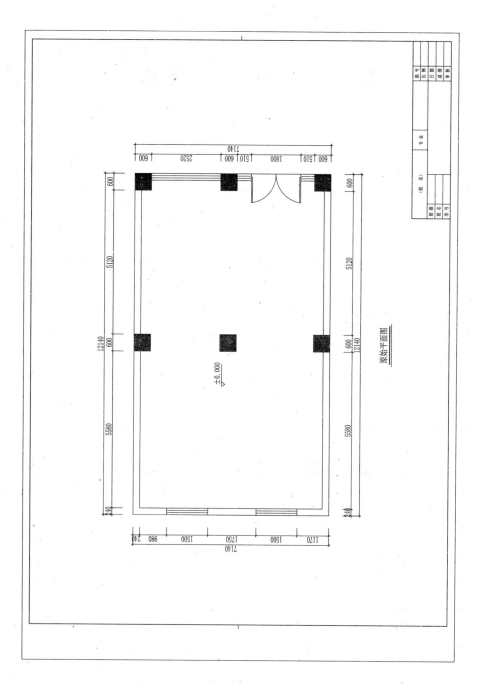

图 2-89

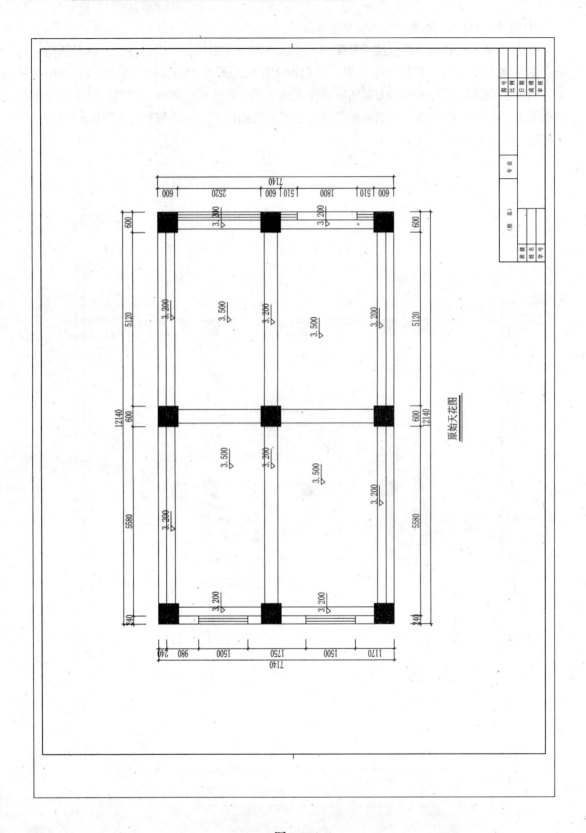

图 2-90

11.题号：1-2-11 试题：某高校计算机房设计

任务描述：某装饰公司承接了某高校教学楼室内设计项目，设计的重点为计算机房，要求有讲台、投影仪、音响及空调，能容纳30名学生同时上机。请根据所提供的附图（图2-91、图2-92）和相关信息，针对其空间，利用AutoCAD制图软件完成施工图一套（包括平面布置图、天花布置图、自选主要立面图、自选某一个剖面或节点图，共四张图纸），并将整套施工图以A3幅面打印出图。

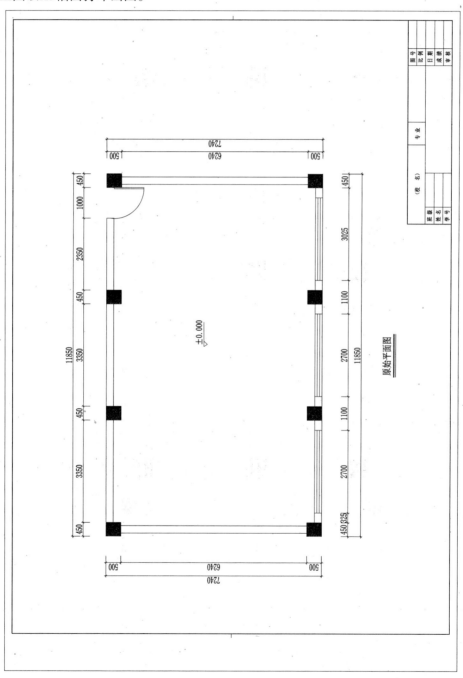

图 2-91

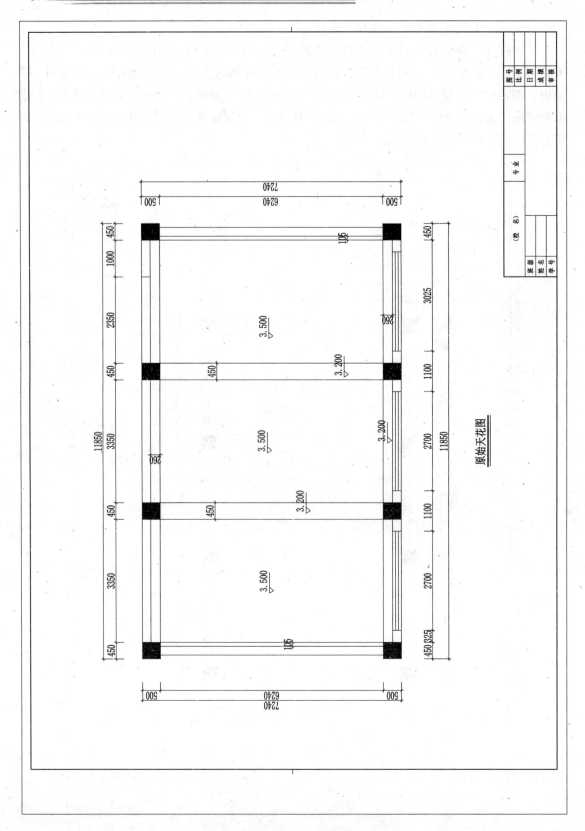

原始天花图

图 2-92

12.题号：1-2-12 试题：某区政府会议室设计

任务描述： 某装饰公司承接了某区政府办公楼室内设计项目，设计的重点为会议室，要求具备会议功能，需要多媒体设备和音响设备。请根据所提供的附图（图2-93、图2-94）和相关信息，针对其空间，利用AutoCAD制图软件完成施工图一套（包括平面布置图、天花布置图、自选主要立面图、自选某一个剖面或节点图，共四张图纸），并将整套施工图以A3幅面打印出图。

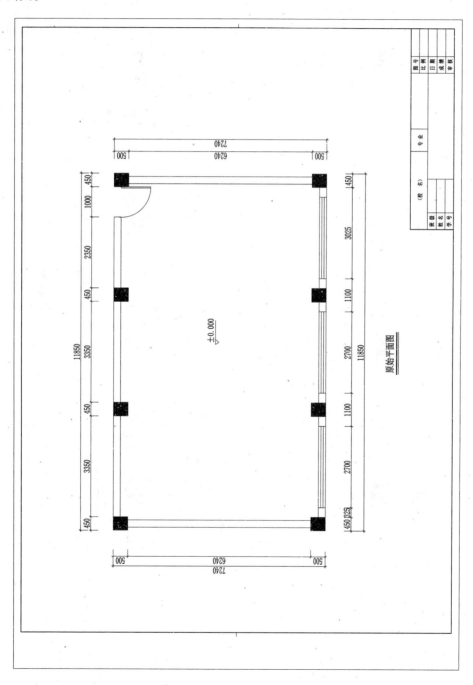

图 2-93

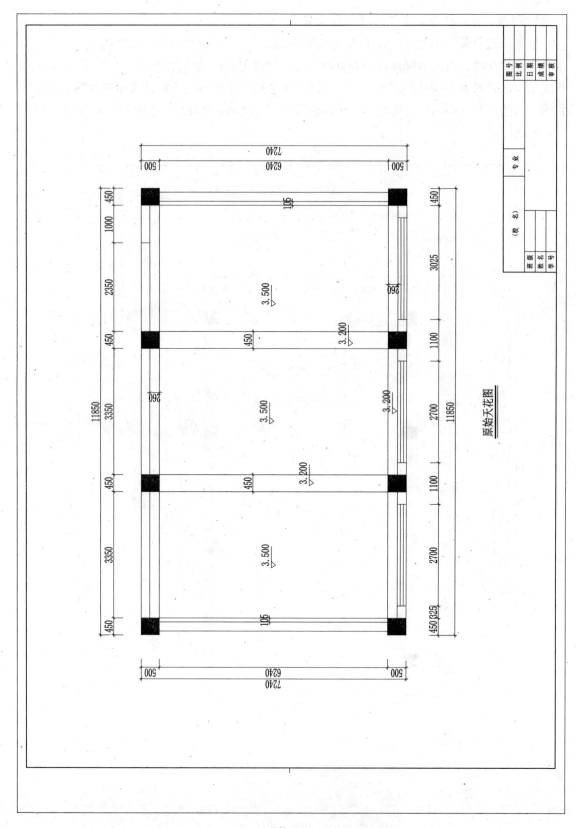

图 2-94

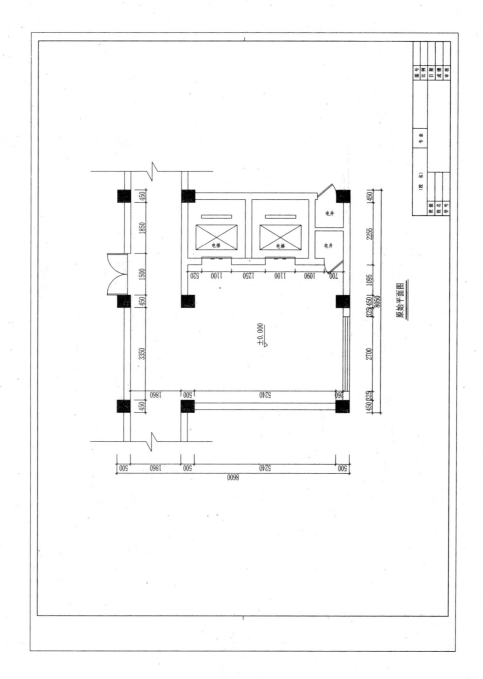

13.题号：1-2-13 试题：某法院办公楼电梯厅设计

任务描述：某装饰公司承接了某法院办公楼室内设计项目，设计的重点为电梯厅，要求具备形象展示功能。请根据所提供的附图（图2-95、图2-96）和相关信息，针对其空间，利用AutoCAD制图软件完成施工图一套（包括平面布置图、天花布置图、自选主要立面图、自选某一个剖面或节点图，共四张图纸），并将整套施工图以A3幅面打印出图。

图 2-95

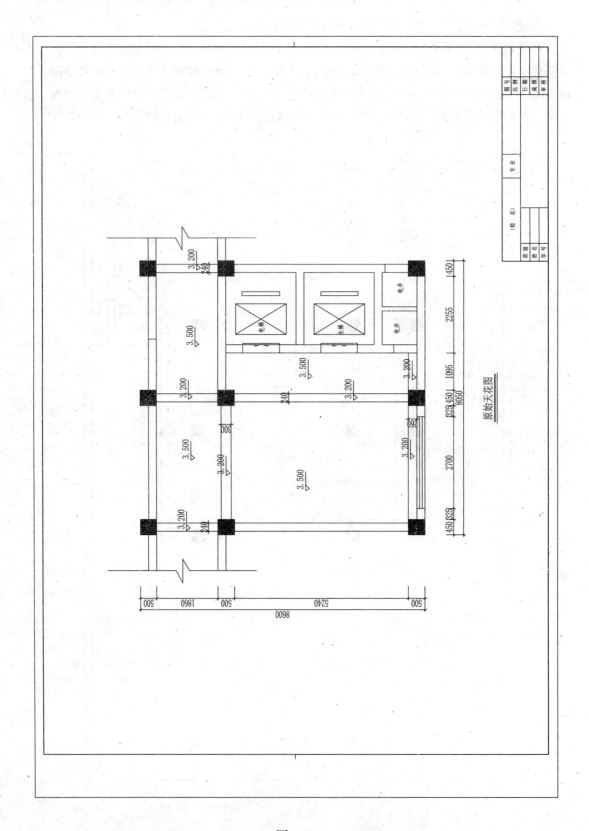

图 2-96

14.题号：1-2-14 试题：某化妆品专卖店设计

任务描述：某装饰公司承接了某化妆品专卖店室内设计项目，要求具备化妆品售卖及储存功能，对品牌形象具有良好的展示效果。请根据所提供的附图（图2-97、图2-98）和相关信息，针对其空间，利用AutoCAD制图软件完成施工图一套（包括平面布置图、天花布置图、自选主要立面图、自选某一个剖面或节点图，共四张图纸），并将整套施工图以A3幅面打印出图。

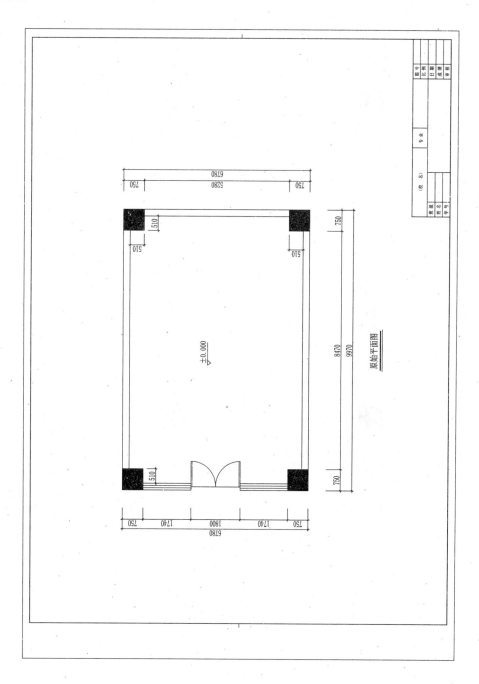

图 2-97

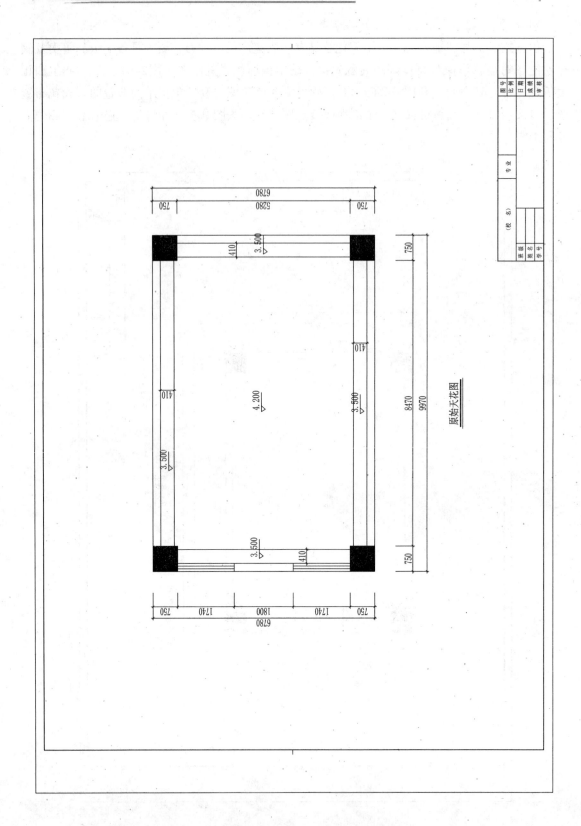

原始天花图

图 2-98

15.题号：1-2-15 试题：某书店设计

任务描述：某装饰公司承接了某书店室内设计项目，要求具备售卖及储存功能，对品牌形象具有良好的展示效果，并带有顾客休息区。请根据所提供的附图（图2-99、图2-100）和相关信息，针对其空间，利用AutoCAD制图软件完成施工图一套（包括平面布置图、天花布置图、自选主要立面图、自选某一个剖面或节点图，共四张图纸），并将整套施工图以A3幅面打印出图。

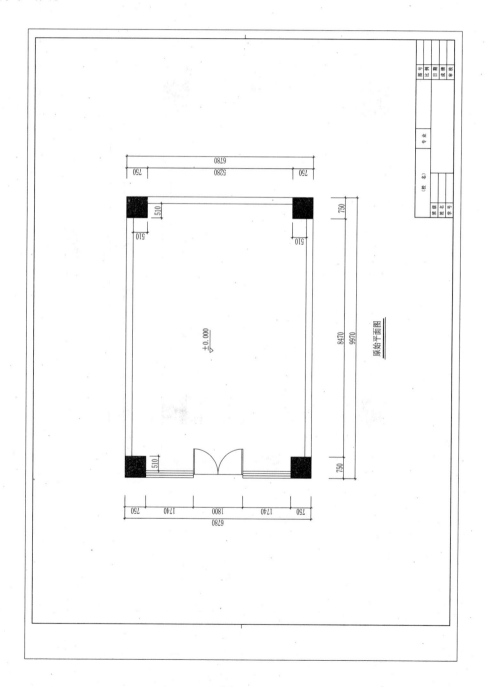

图 2-99

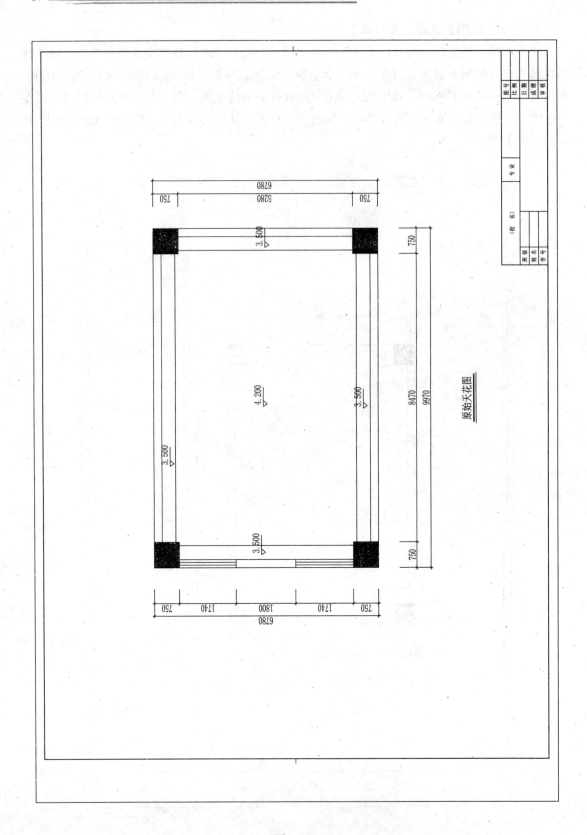

图 2-100

16.题号：1-2-16 试题：某酒类营销公司会议室设计

任务描述：某装饰公司承接了某酒类营销公司办公楼室内设计项目，设计的重点为会议室，要求具备会议及展示公司产品的功能。请根据所提供的附图（图2-101、图2-102）和相关信息，针对其空间，利用AutoCAD制图软件完成施工图一套（包括平面布置图、天花布置图、自选主要立面图、自选某一个剖面或节点图，共四张图纸），并将整套施工图以A3幅面打印出图。

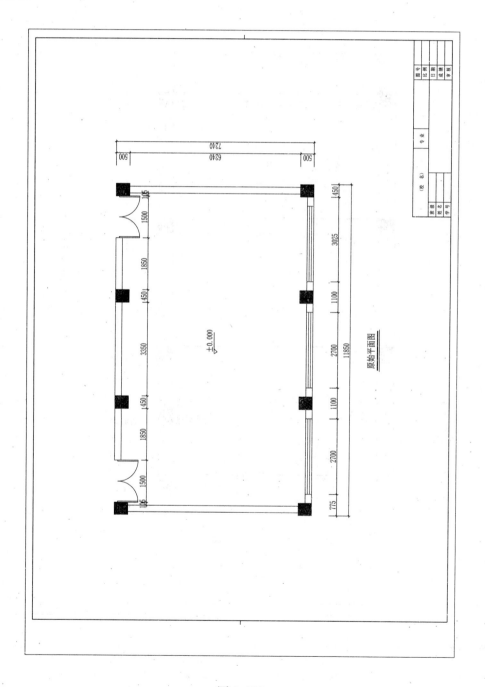

图 2-101

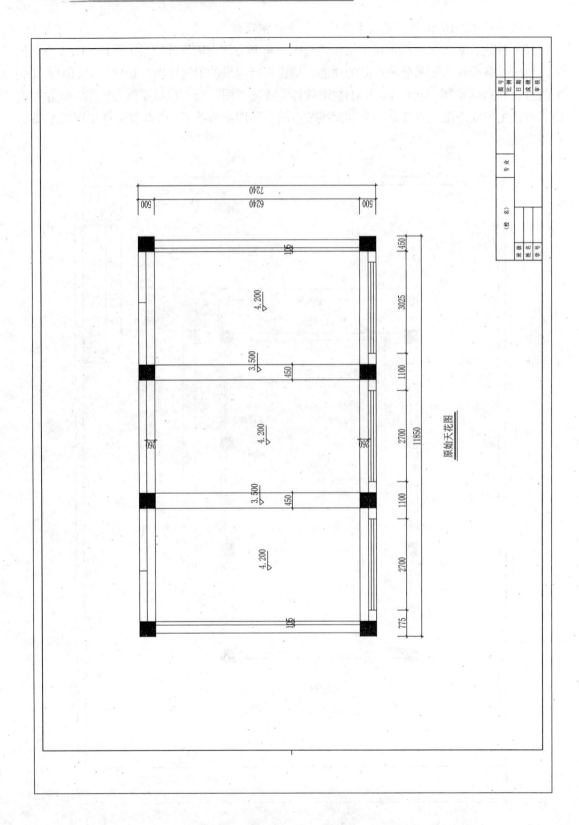

图 2-102

17.题号：1-2-17 试题：某营销公司市场部办公室设计

任务描述：某装饰公司承接了某营销公司办公楼室内设计项目，设计的重点为市场部办公室，要求具备容纳8名员工办公及接待洽谈的功能。请根据所提供的附图（图2-103、图2-104）和相关信息，针对其空间，利用AutoCAD制图软件完成施工图一套（包括平面布置图、天花布置图、自选主要立面图、自选某一个剖面或节点图，共四张图纸），并将整套施工图以A3幅面打印出图。

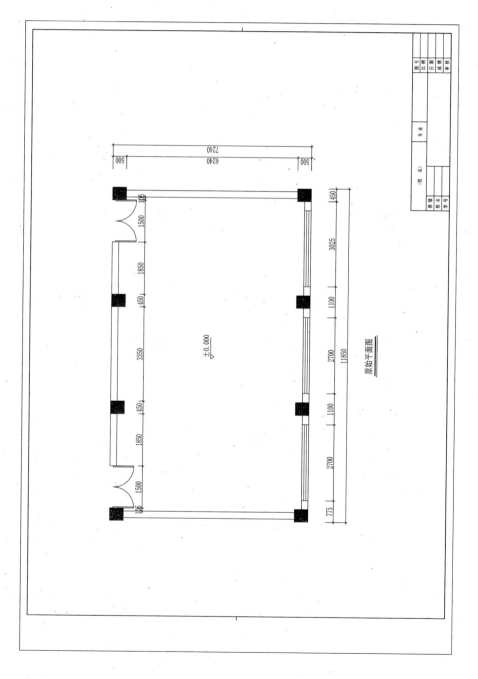

图 2-103

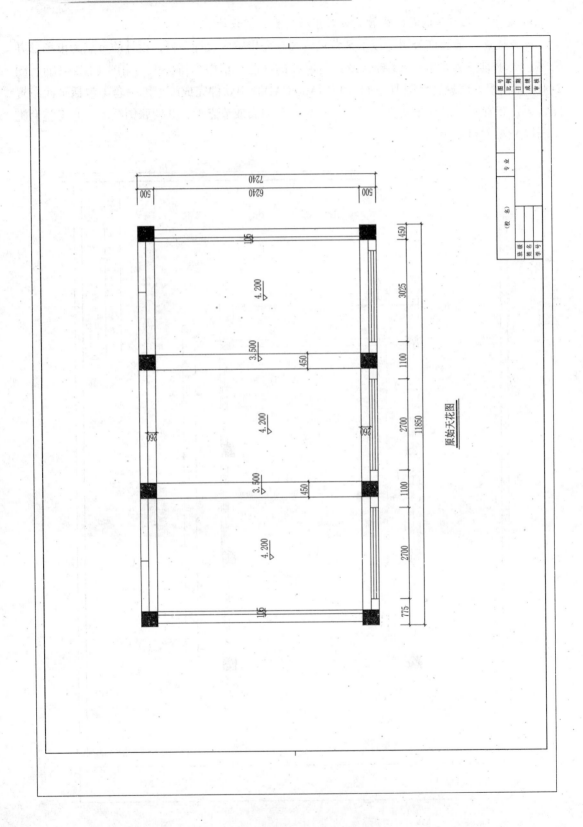

图 2-104

18.题号：1-2-18 试题：某宾馆商务单人标准间设计

任务描述：某装饰公司承接了某宾馆室内设计项目，设计的重点为商务单人标准间，除客房应具备的功能外，还要求具备商务办公功能。请根据所提供的附图（图2-105、图2-106）和相关信息，针对其空间，利用AutoCAD制图软件完成施工图一套（包括平面布置图、天花布置图、自选主要立面图、自选某一个剖面或节点图，共四张图纸），并将整套施工图以A3幅面打印出图。

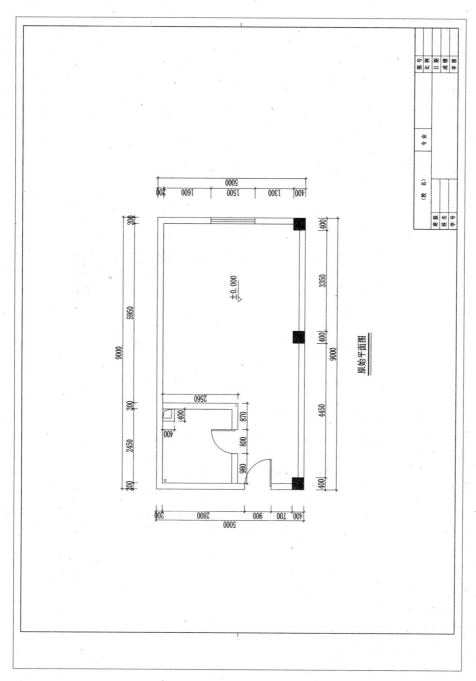

图 2-105

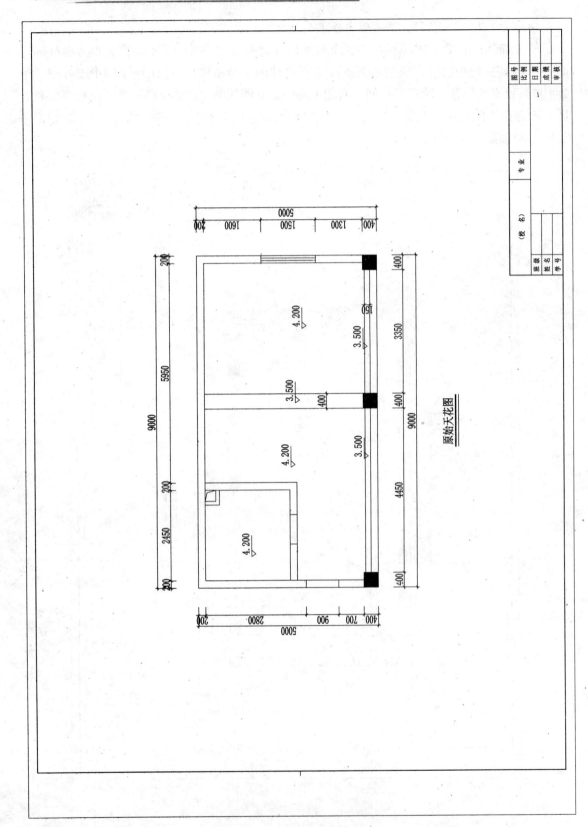

图 2-106

19.题号：1-2-19 试题：某区政府领导办公室设计

任务描述：某装饰公司承接了某区政府办公楼室内设计项目，设计的重点为领导办公室，要求具备办公及接待功能。请根据所提供的附图（图2-107、图2-108）和相关信息，针对其空间，利用AutoCAD制图软件完成施工图一套（包括平面布置图、天花布置图、自选主要立面图、自选某一个剖面或节点图，共四张图纸），并将整套施工图以A3幅面打印出图。

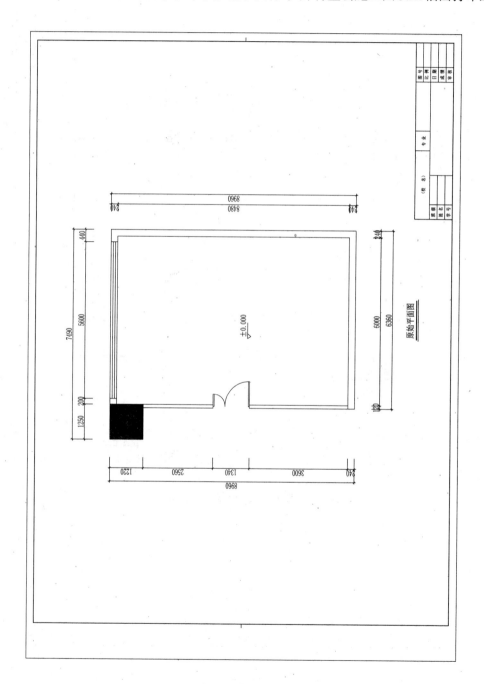

图 2-107

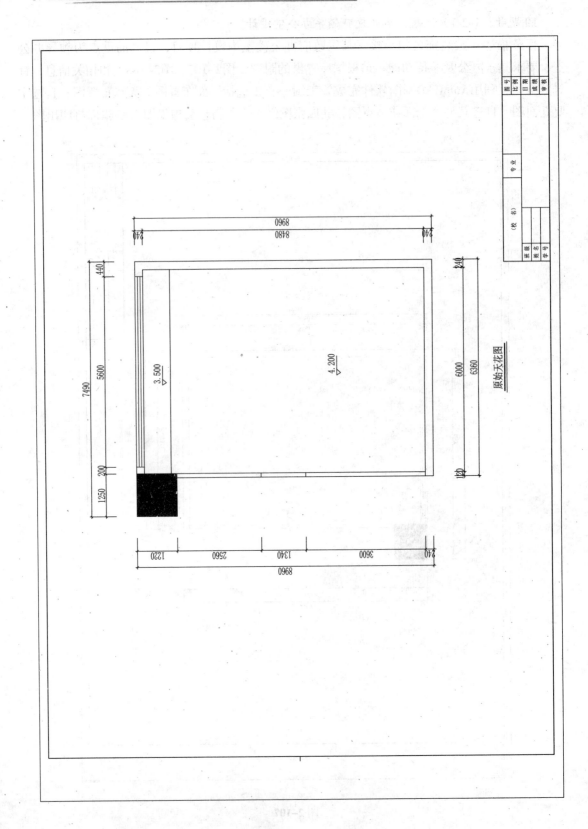

原始天花图

图 2-108

20.题号：1-2-20 试题：某奶茶店设计

任务描述：某装饰公司承接了某奶茶店室内设计项目，要求具备原料储存、现场制作、产品销售及顾客休息功能。请根据所提供的附图（图2-109、图2-110）和相关信息，针对其空间，利用AutoCAD制图软件完成施工图一套（包括平面布置图、天花布置图、自选主要立面图、自选某一个剖面或节点图，共四张图纸），并将整套施工图以A3幅面打印出图。

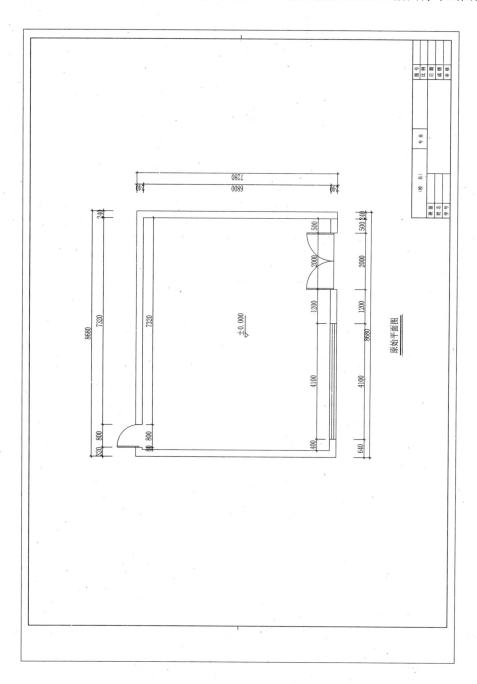

图 2-109

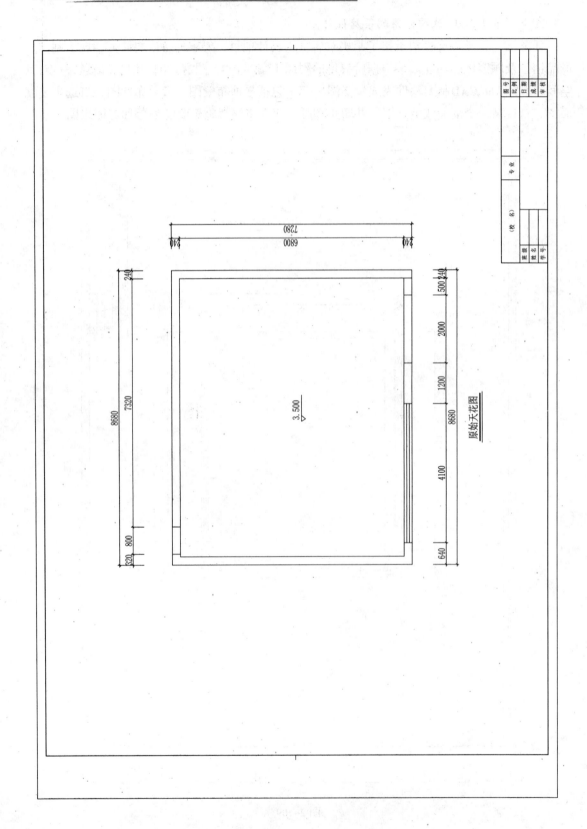

图 2-110

题号：1-2-21 试题：某宾馆双人标准间设计

任务描述：某装饰公司承接了某宾馆室内设计项目，设计的重点为双人标准间，要求客房应具备的功能俱全。请根据所提供的附图（图2-111、图2-112）和相关信息，针对其空间，利用AutoCAD制图软件完成施工图一套（包括平面布置图、天花布置图、自选主要立面图、自选某一个剖面或节点图，共四张图纸），并将整套施工图以A3幅面打印出图。

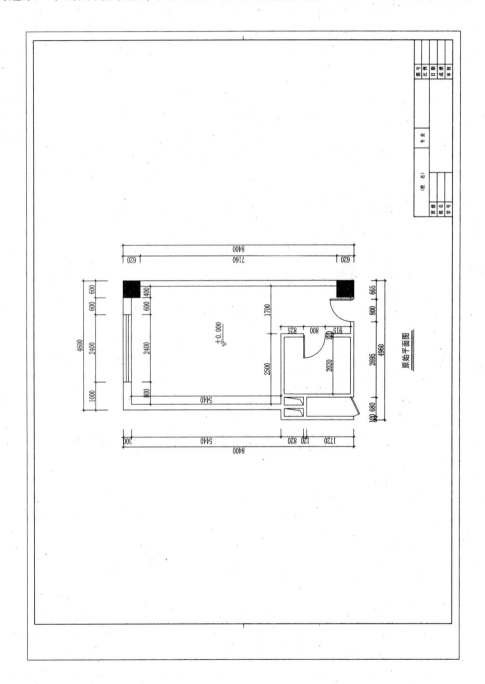

图2-111

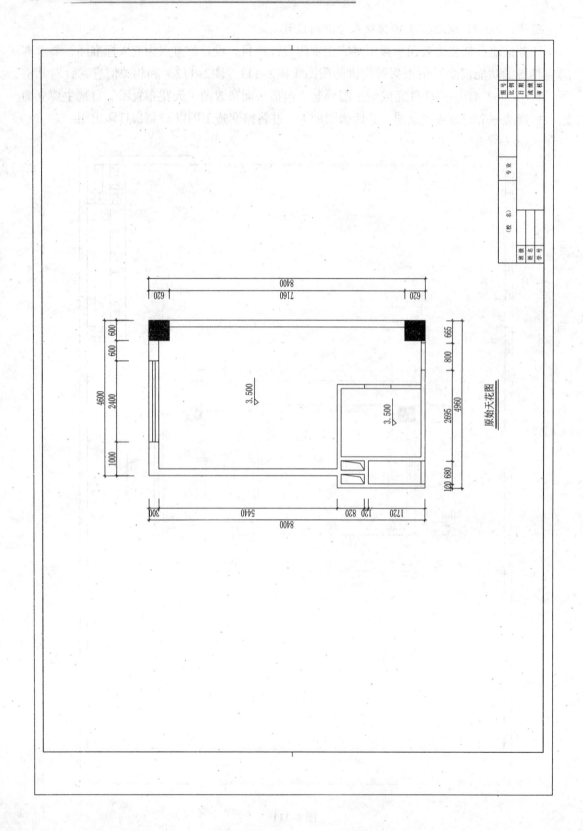

原始天花图

图 2-112

22.题号：1-2-22 试题：某宾馆商务双人标准间设计

任务描述：某装饰公司承接了某宾馆室内设计项目，设计的重点为商务双人标准间，要求客房应具备的功能俱全，同时应具备商务办公功能。请根据所提供的附图（图2-113、图2-114）和相关信息，针对其空间，利用AutoCAD制图软件完成施工图一套（包括平面布置图、天花布置图、自选主要立面图、自选某一个剖面或节点图，共四张图纸），并将整套施工图以A3幅面打印出图。

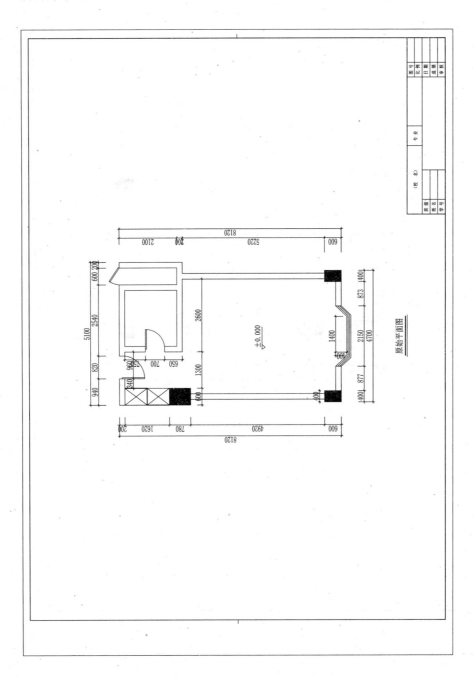

图 2-113

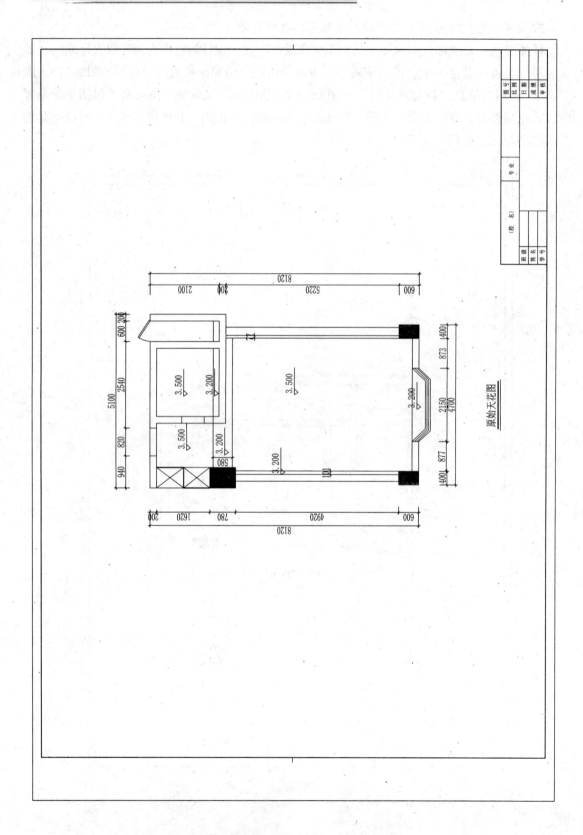

图 2-114

23.题号：1-2-23 试题：某家电销售公司会议室设计

任务描述：某装饰公司承接了某家电销售公司办公楼室内设计项目，设计的重点为会议室，要求具备会议及公司形象展示功能。请根据所提供的附图（图2-115、图2-116）和相关信息，针对其空间，利用AutoCAD制图软件完成施工图一套（包括平面布置图、天花布置图、自选主要立面图、自选某一个剖面或节点图，共四张图纸），并将整套施工图以A3幅面打印出图。

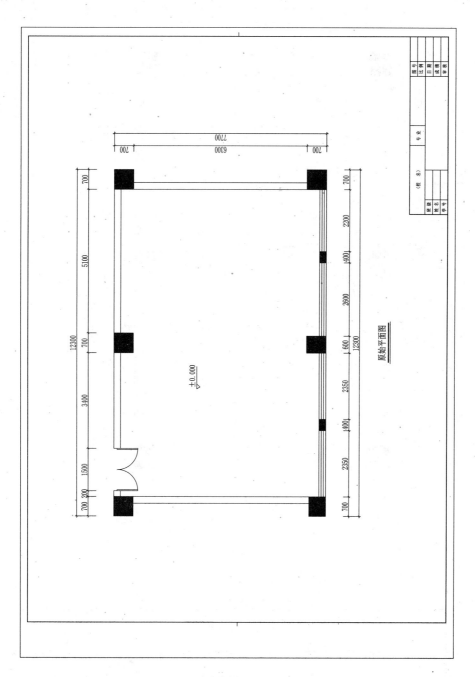

图 2-115

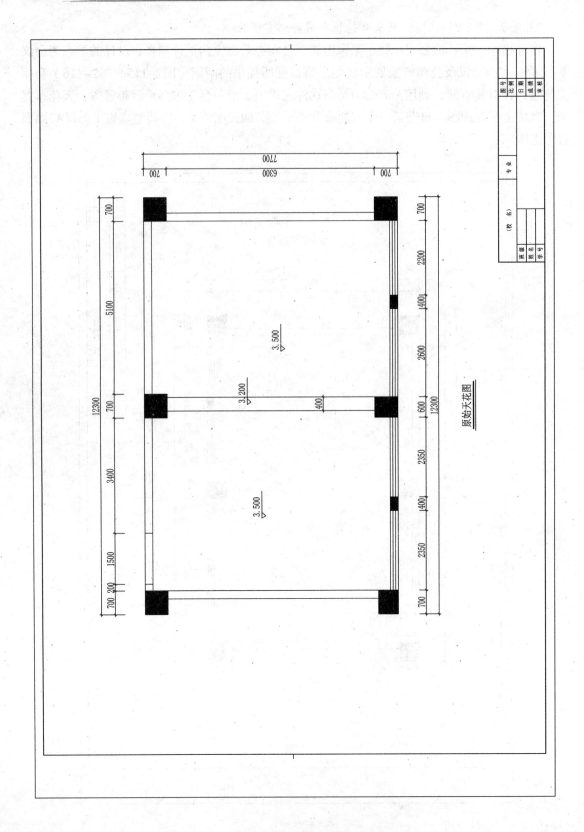

图 2-116

24.题号：1-2-24 试题：某装饰公司设计部办公室设计

任务描述：某装饰公司承接了某装饰公司办公楼室内设计项目，设计的重点为设计部办公室，要求具备容纳8名员工办公及接待的功能。请根据所提供的附图（图2-117、图2-118）和相关信息，针对其空间，利用AutoCAD制图软件完成施工图一套（包括平面布置图、天花布置图、自选主要立面图、自选某一个剖面或节点图，共四张图纸），并将整套施工图以A3幅面打印出图。

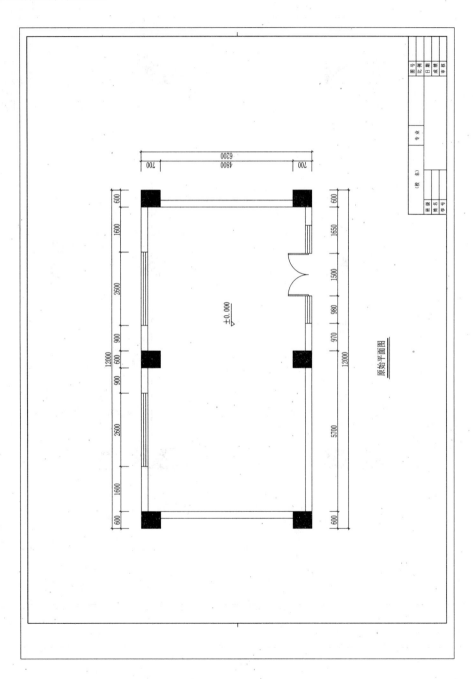

图 2-117

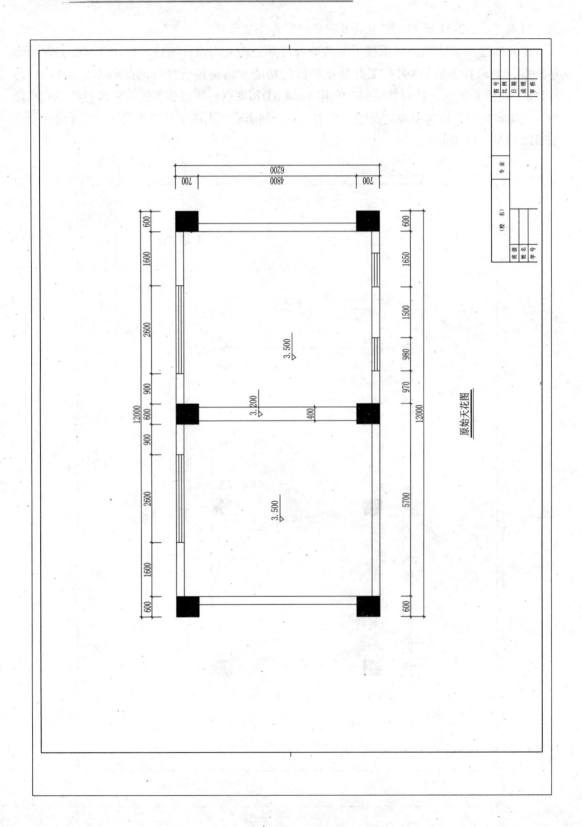

图 2-118

25.题号：1-2-25 试题：某文具用品专卖店设计

任务描述：某装饰公司承接了某文具用品专卖店室内设计项目，要求具备文具用品售卖及储存功能，对品牌形象具有良好的展示效果。请根据所提供的附图（图2-119、图2-120）和相关信息，针对其空间，利用AutoCAD制图软件完成施工图一套（包括平面布置图、天花布置图、自选主要立面图、自选某一个剖面或节点图，共四张图纸），并将整套施工图以A3幅面打印出图。

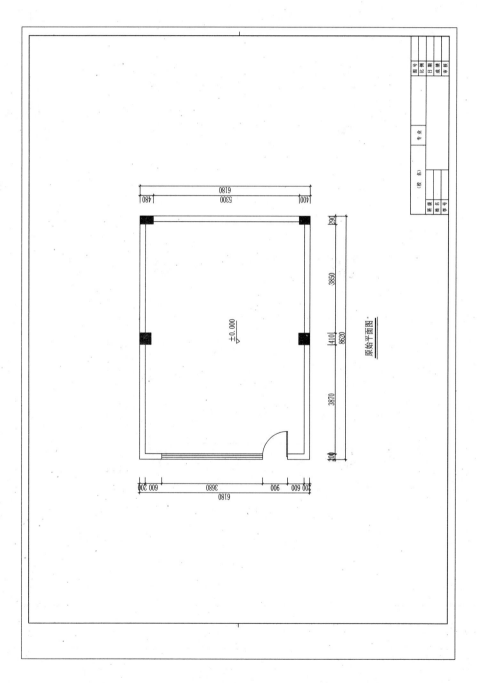

图 2-119

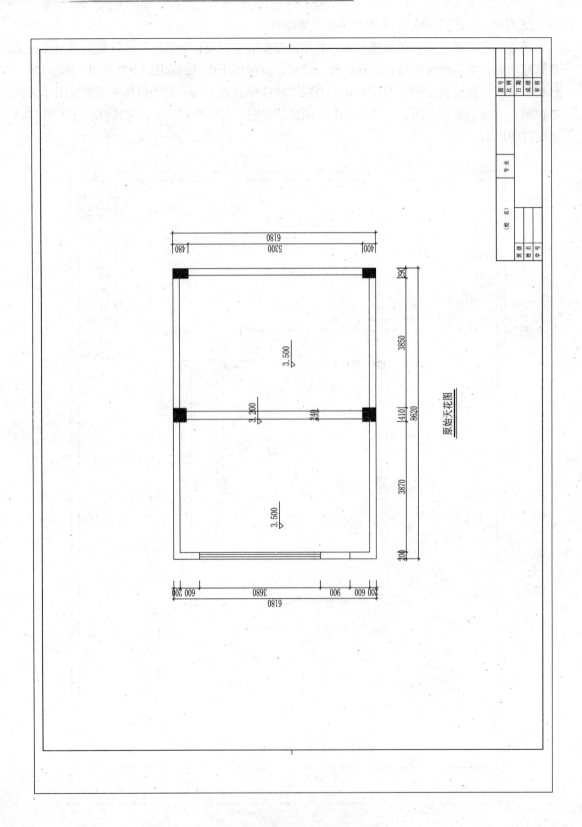

图 2-120

二、室内设计创意与表现模块

（一）家居空间设计项目

1.题号：2-1-1 试题：摄影师家居空间客厅设计

任务描述：某装饰公司承接了一个小户型家居空间室内设计项目，户型特征、面积见附图（图2-121，原始天花图见图2-2）。业主为一未婚男青年，职业为某旅游杂志摄影师，喜欢陈列个人摄影作品。请根据所提供的附图和相关信息，针对其空间（客厅和餐厅），完成手绘平面布局图及手绘效果图一套，要求写出100～150字设计说明。

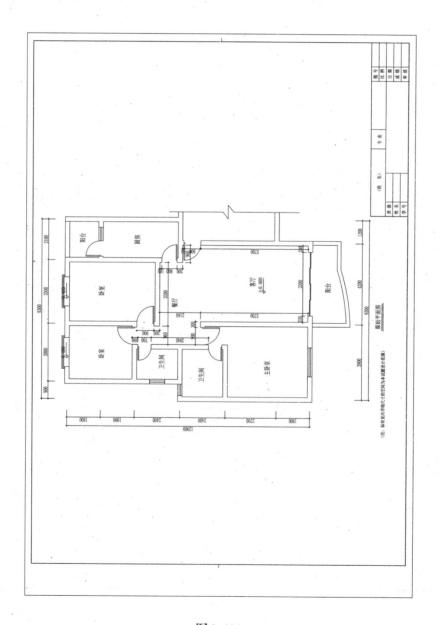

图 2-121

2.题号：2-1-2 试题：三口之家家居空间客厅设计

任务描述：某装饰公司承接了一个家居空间室内设计项目，户型特征、面积见附图（图2-122，原始天花图见图2-4）。业主为三口之家，男主人职业为银行工作人员，女主人职业为小学教师，育有一男孩。请根据所提供的附图和相关信息，针对其空间（客厅和餐厅），完成手绘平面布局图及手绘效果图一套，要求写出100~150字设计说明。

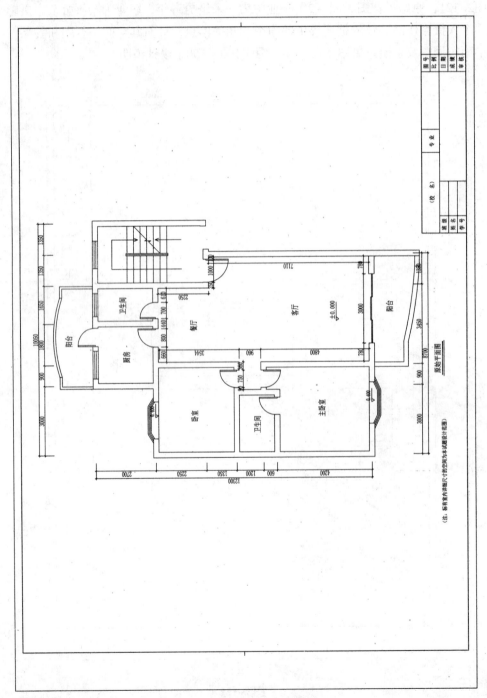

图2-122

3.题号：2-1-3 试题：年轻夫妇家居空间客厅设计

任务描述：某装饰公司承接了一个家居空间室内设计项目，户型特征、面积见附图（图2-123，原始天花图见图2-6）。业主为一对年轻夫妇，男主人职业为平面设计师，女主人职业为餐饮企业管理人员。请根据所提供的附图和相关信息，针对其空间（客厅和餐厅），完成手绘平面布局图及手绘效果图一套，要求写出100～150字设计说明。

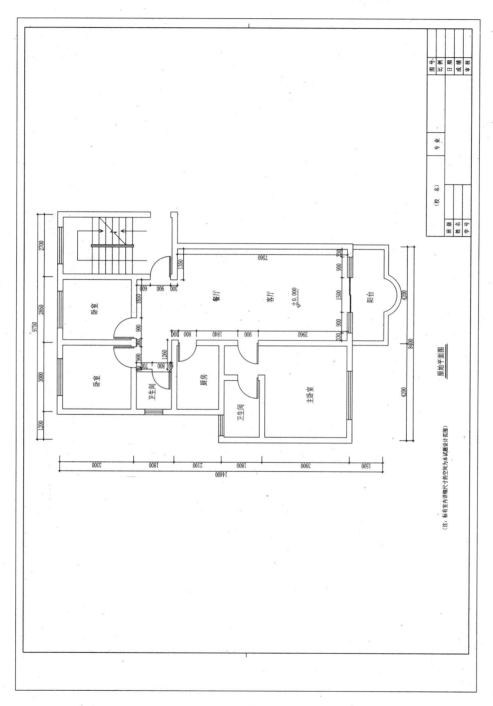

图 2-123

4.题号：2-1-4 试题：公务员家居空间客厅设计

任务描述：某装饰公司承接了一个家居空间室内设计项目，户型特征、面积见附图（图2-124，原始天花图见图2-8）。业主家庭常住人口有三人，男主人是公务员，女主人职业是医生，育有一女孩。请根据所提供的附图和相关信息，针对其空间（客厅和餐厅），完成手绘平面布局图及手绘效果图一套，要求写出100～150字设计说明。

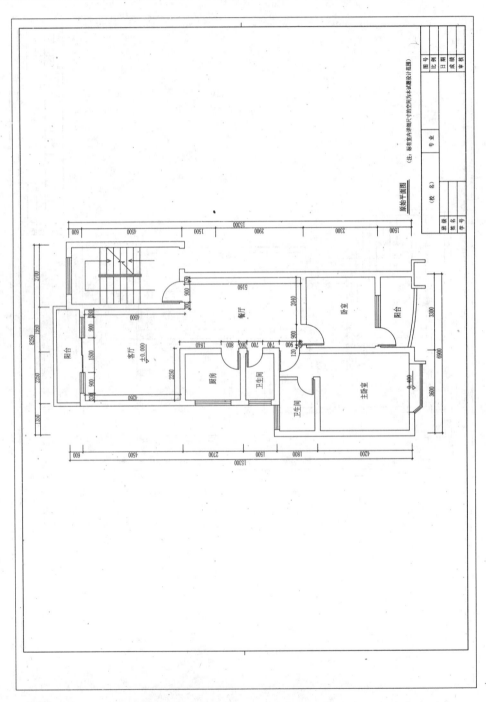

图2-124

5.题号：2-1-5 试题：新婚夫妻家居空间客厅设计

任务描述：某装饰公司承接了一个家居空间室内设计项目，户型特征、面积见附图（图2-125，原始天花图见图2-10）。业主为一对新婚夫妻，男主人职业为企业管理人员，女主人职业为房产销售人员。请根据所提供的附图和相关信息，针对其空间（客厅和餐厅），完成手绘平面布局图及手绘效果图一套，要求写出100～150字设计说明。

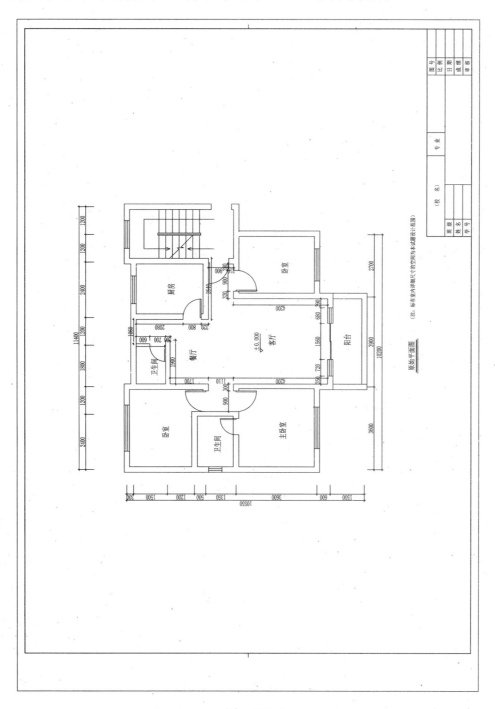

图2-125

6.题号：2-1-6 试题：医生家居空间客厅设计

任务描述：某装饰公司承接了一个家居空间室内设计项目，户型特征、面积见附图（图2-126，原始天花图见图2-12）。业主为一对中年夫妻，男女主人职业均为医生。请根据所提供的附图和相关信息，针对其空间（客厅和餐厅），完成手绘平面布局图及手绘效果图一套，要求写出100~150字设计说明。

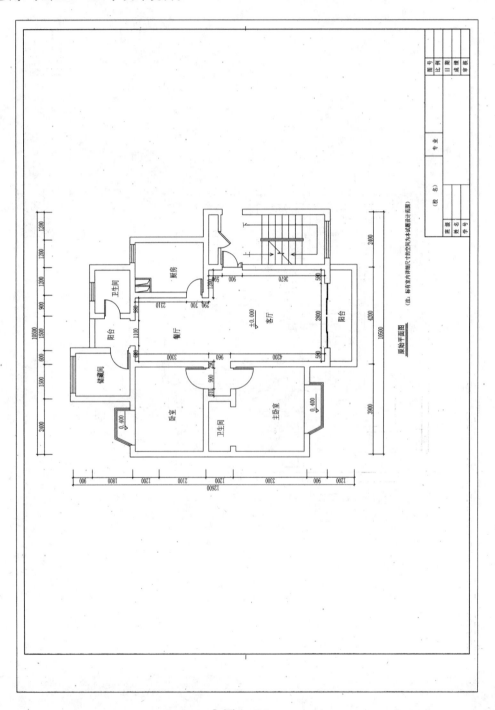

图 2-126

7.题号：2-1-7 试题：软件工程师家居空间客厅设计

任务描述： 某装饰公司承接了一个家居空间室内设计项目，户型特征、面积见附图（图2-127，原始天花图见图2-14）。业主为三口之家，男主人职业为软件工程师，女主人职业为网络编辑，育有一女孩。请根据所提供的附图和相关信息，针对其空间（客厅和餐厅），完成手绘平面布局图及手绘效果图一套，要求写出100～150字设计说明。

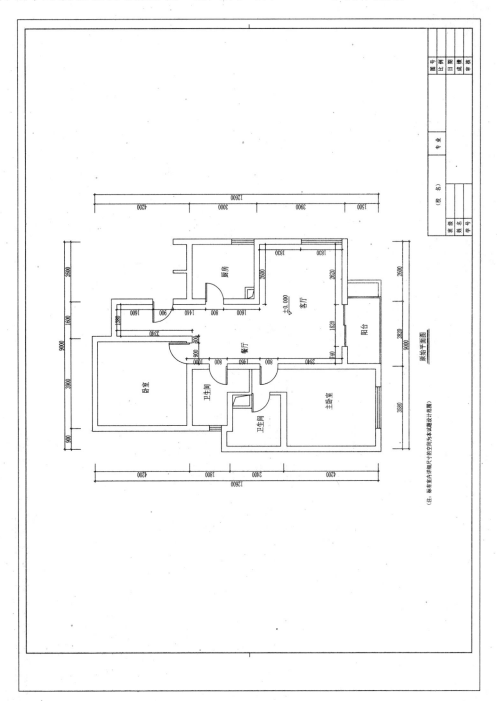

图2-127

8.题号：2-1-8 试题：老年夫妇家居空间客厅设计

任务描述：某装饰公司承接了一个家居空间室内设计项目，户型特征、面积见附图（图2-128，原始天花图见图2-16）。业主为一对老年夫妇，男女主人均为国有企业退休人员。请根据所提供的附图和相关信息，针对其空间（客厅和餐厅），完成手绘平面布局图及手绘效果图一套，要求写出100～150字设计说明。

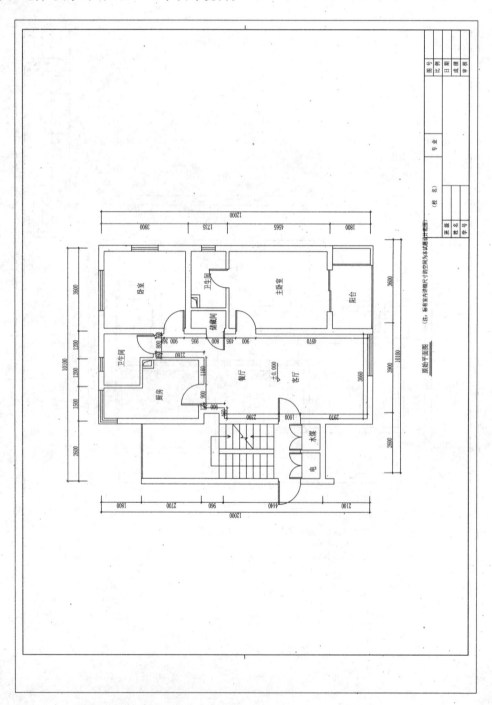

图 2-128

9.题号：2-1-9 试题：美术编辑家居空间客厅设计

任务描述：某装饰公司承接了一个家居空间室内设计项目，户型特征、面积见附图（图2-129，原始天花图见图2-18）。业主为一未婚女性，职业为出版社美术编辑。请根据所提供的附图和相关信息，针对其空间（客厅和餐厅），完成手绘平面布局图及手绘效果图一套，要求写出100～150字设计说明。

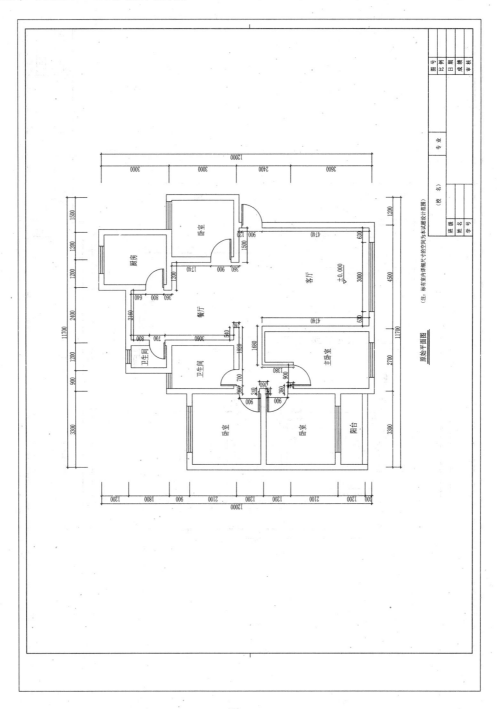

图 2-129

10.题号：2-1-10 试题：画家家居空间客厅设计

任务描述：某装饰公司承接了一个家居空间室内设计项目，户型特征、面积见附图（图2-130；原始天花图见图2-20）。业主为一对中年夫妻，男主人职业为画家，女主人职业为杂志编辑。请根据所提供的附图和相关信息，针对其空间（客厅和餐厅），完成手绘平面布局图及手绘效果图一套，要求写出100～150字设计说明。

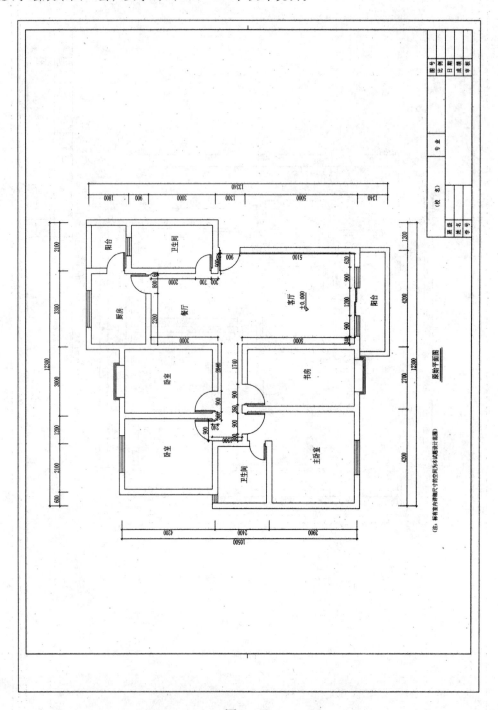

图 2-130

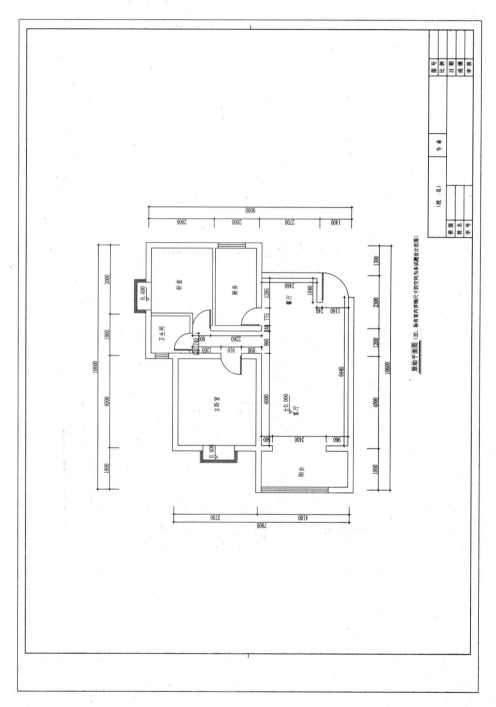

11.题号：2-1-11 试题：平面设计师家居空间客厅设计

任务描述：某装饰公司承接了一个家居空间室内设计项目，户型特征、面积见附图（图2-131，原始天花图见图2-22）。业主为一未婚男青年，职业为平面设计师。请根据所提供的附图和相关信息，针对其空间（客厅和餐厅），完成手绘平面布局图及手绘效果图一套，要求写出100～150字设计说明。

图 2-131

12.题号：2-1-12 试题：中学音乐教师家居空间客厅设计

任务描述：某装饰公司承接了一个家居空间室内设计项目，户型特征、面积见附图（图2-132，原始天花图见图2-24）。业主为一未婚女青年，职业为中学音乐教师。请根据所提供的附图和相关信息，针对其空间（客厅和餐厅），完成手绘平面布局图及手绘效果图一套，要求写出100～150字设计说明。

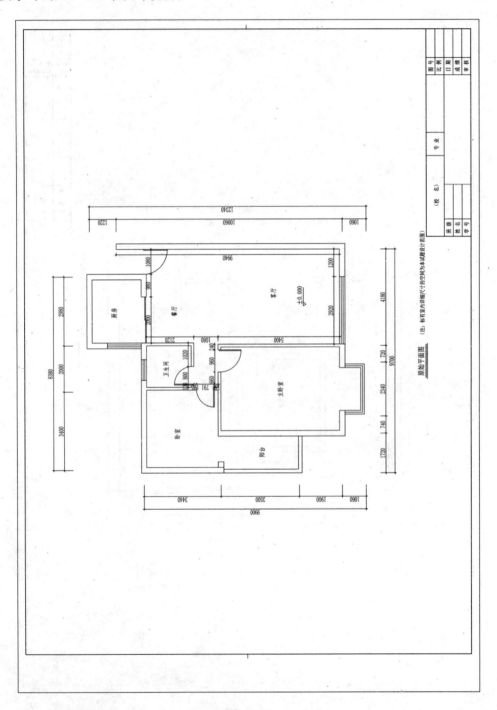

图 2-132

13.题号：2-1-13 试题：某大型医院外科医生家居空间客厅设计

任务描述某装饰公司承接了一个家居空间室内设计项目，户型特征、面积见附图（图2-133，原始天花图见图2-26）。业主为一未婚男青年，职业为某大型医院外科医生。请根据所提供的附图和相关信息，针对其空间（客厅和餐厅），完成手绘平面布局图及手绘效果图一套，要求写出100~150字设计说明。

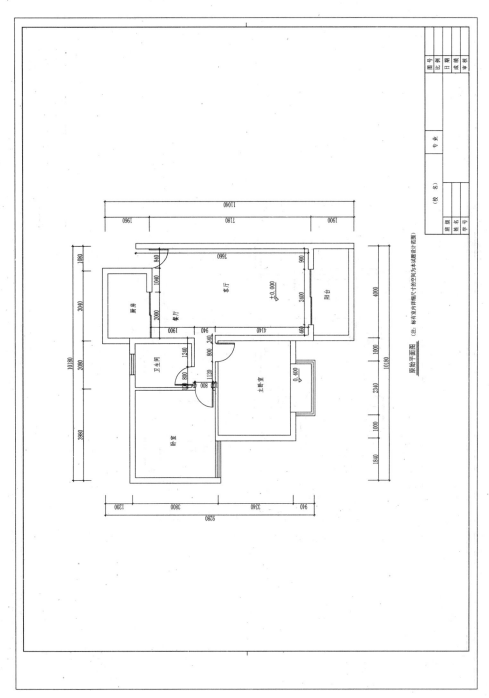

图 2-133

14.题号：2-1-14 试题：某知名品牌化妆品营销经理家居空间客厅设计

任务描述：某装饰公司承接了一个家居空间室内设计项目，户型特征、面积见附图（图2-134，原始天花图见图2-28）。业主为一未婚女青年，职业为某知名品牌化妆品营销经理。请根据所提供的附图和相关信息，针对其空间（客厅和餐厅），完成手绘平面布局图及手绘效果图一套，要求写出100~150字设计说明。

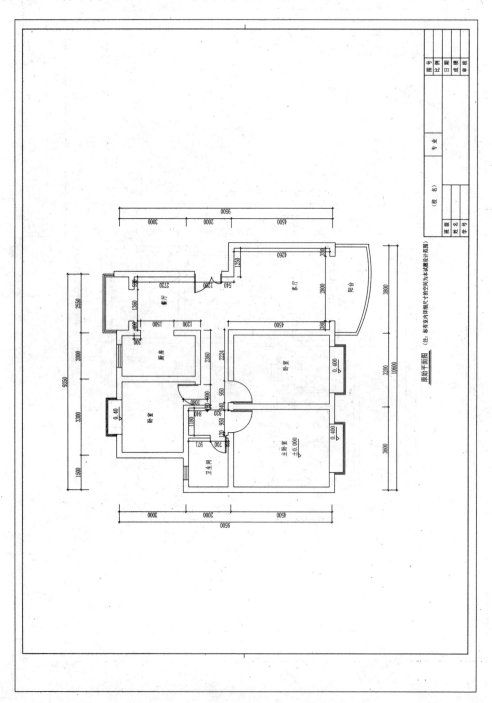

图 2-134

15.题号：2-1-15 试题：某幼儿园教师家居空间客厅设计

任务描述：某装饰公司承接了一个家居空间室内设计项目，户型特征、面积见附图（图2-135，原始天花图见图2-30）。业主为一未婚女青年，职业为某幼儿园教师。请根据所提供的附图和相关信息，针对其空间（客厅和餐厅），完成手绘平面布局图及手绘效果图一套，要求写出100~150字设计说明。

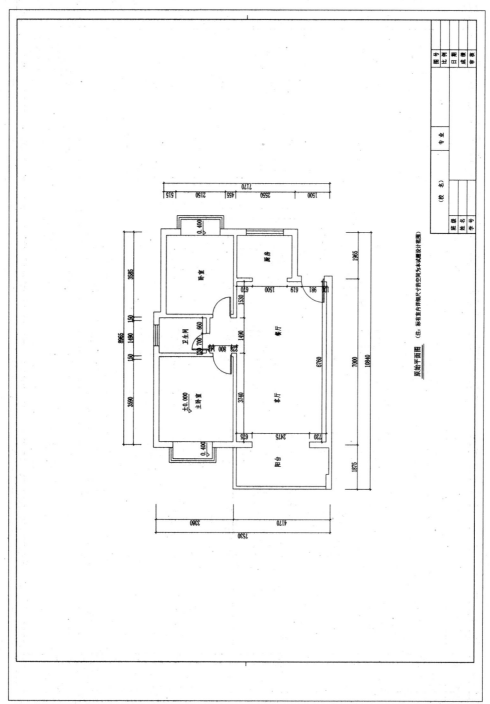

图 2-135

16.题号：2-1-16 试题：退休教师家居空间客厅设计

任务描述：某装饰公司承接了一个家居空间室内设计项目，户型特征、面积见附图（图2-136，原始天花图见图2-32）。业主为一对老年夫妇，均为退休教师。请根据所提供的附图和相关信息，针对其空间（客厅和餐厅），完成手绘平面布局图及手绘效果图一套，要求写出100～150字设计说明。

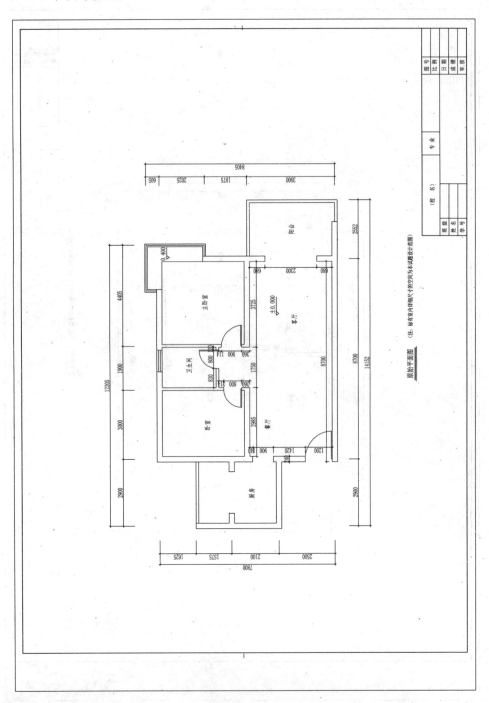

图 2-136

17.题号：2-1-17 试题：SOHO一族家居空间客厅设计

任务描述：某装饰公司承接了一个家居空间室内设计项目，户型特征、面积见附图（图2-137，原始天花图见图2-34）。业主为一未婚男青年，是SOHO一族。请根据所提供的附图和相关信息，针对其空间（客厅和餐厅），完成手绘平面布局图及手绘效果图一套，要求写出100～150字设计说明。

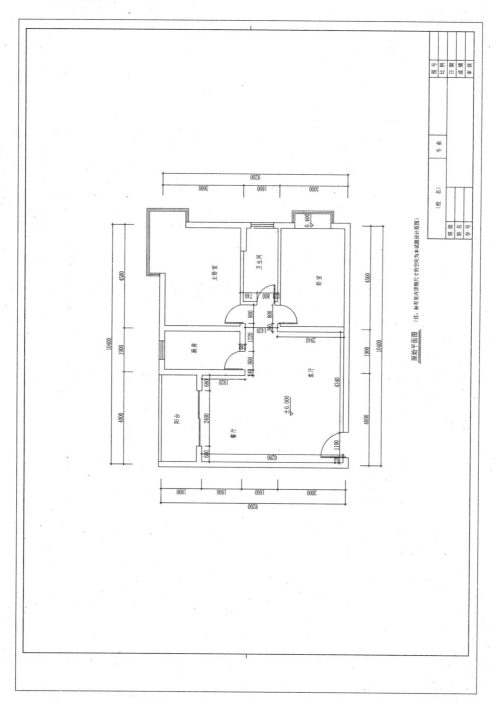

图 2-137

18.题号：2-1-18 试题：未婚公务员家居空间客厅设计

任务描述：某装饰公司承接了一个家居空间室内设计项目，户型特征、面积见附图（图2-138，原始天花图见图2-36）。业主为一未婚男青年，是公务员。请根据所提供的附图和相关信息，针对其空间（客厅和餐厅），完成手绘平面布局图及手绘效果图一套，要求写出100～150字设计说明。

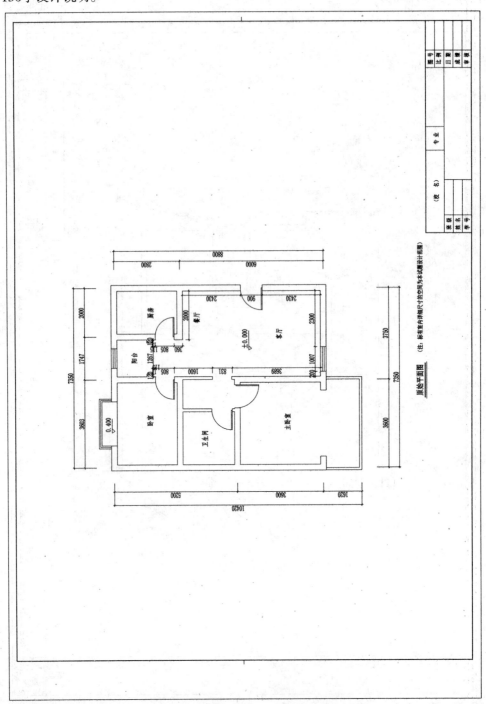

图 2-138

19.题号：2-1-19 试题：舞蹈演员家居空间客厅设计

任务描述：某装饰公司承接了一个家居空间室内设计项目，户型特征、面积见附图（图2-139，原始天花图见图2-38）。业主为一未婚女青年，职业为舞蹈演员。请根据所提供的附图和相关信息，针对其空间（客厅和餐厅），完成手绘平面布局图及手绘效果图一套，要求写出100～150字设计说明。

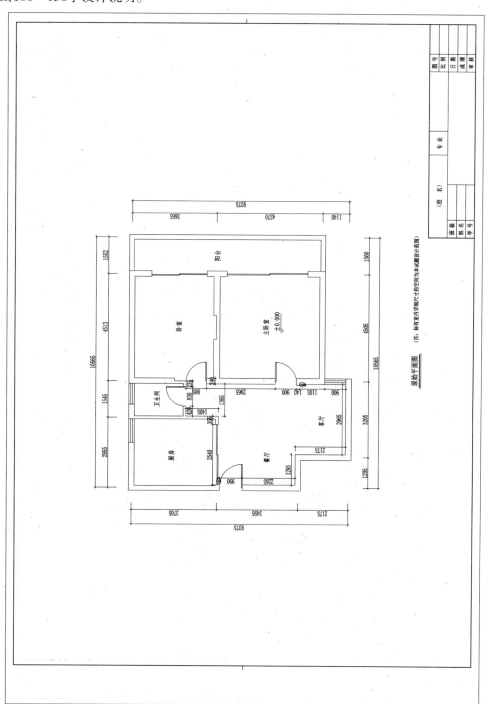

图 2-139

20.题号：2-1-20 试题：体操运动员家居空间客厅设计

任务描述：某装饰公司承接了一个家居空间室内设计项目，户型特征、面积见附图（图2-140，原始天花图见图2-40）。业主为一未婚女青年，职业为体操运动员。请根据所提供的附图和相关信息，针对其空间（客厅和餐厅），完成手绘平面布局图及手绘效果图一套，要求写出100～150字设计说明。

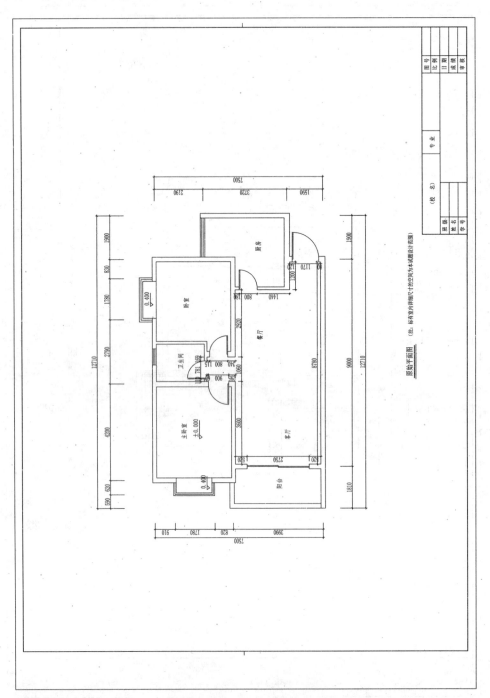

图 2-140

21.题号：2-1-21 试题：外企高管家居空间客厅设计

任务描述：某装饰公司承接了一个家居空间室内设计项目，户型特征、面积见附图（图2-141，原始天花图见图2-42）。业主为一未婚男青年，职业为外企高管。请根据所提供的附图和相关信息，针对其空间（客厅和餐厅），完成手绘平面布局图及手绘效果图一套，要求写出100～150字设计说明。

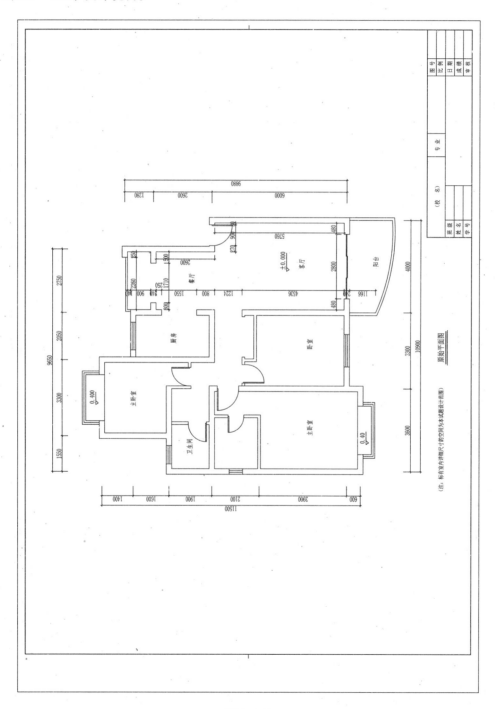

图 2-141

22.题号：2-1-22 试题：英语翻译家居空间客厅设计

任务描述： 某装饰公司承接了一个家居空间室内设计项目，户型特征、面积见附图（图2-142，原始天花图见图2-44）。业主为一未婚女青年，职业为英语翻译。请根据所提供的附图和相关信息，针对其空间（客厅和餐厅），完成手绘平面布局图及手绘效果图一套，要求写出100～150字设计说明。

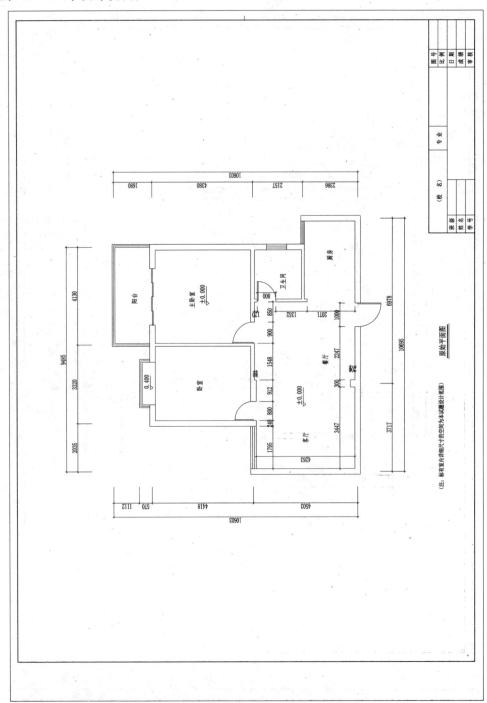

图 2-142

23.题号：2-1-23 试题：体育教练家居空间客厅设计

任务描述： 某装饰公司承接了一个家居空间室内设计项目，户型特征、面积见附图（图2-143，原始天花图见图2-46）。业主为一未婚男青年，职业为体育教练。请根据所提供的附图和相关信息，针对其空间（客厅和餐厅），完成手绘平面布局图及手绘效果图一套，要求写出100～150字设计说明。

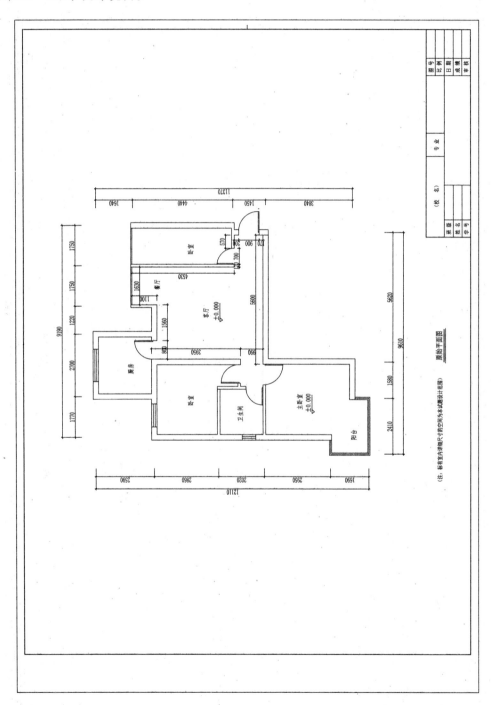

图 2-143

24.题号：2-1-24 试题：小学教师家居空间客厅设计

任务描述：某装饰公司承接了一个家居空间室内设计项目，户型特征、面积见附图（图2-144，原始天花图见图2-48）。业主为一未婚女青年，职业为小学教师。请根据所提供的附图和相关信息，针对其空间（客厅和餐厅），完成手绘平面布局图及手绘效果图一套，要求写出100～150字设计说明。

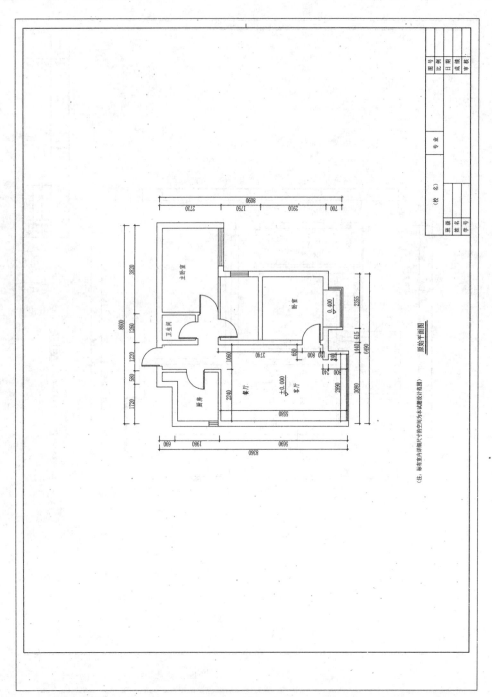

图 2-144

25.题号：2-1-25 试题：作曲家家居空间客厅设计

任务描述：某装饰公司承接了一个家居空间室内设计项目，户型特征、面积见附图（图2-145，原始天花图见图2-50）。业主为一对中年夫妇，职业均为作曲家。请根据所提供的附图和相关信息，针对其空间（客厅和餐厅），完成手绘平面布局图及手绘效果图一套，要求写出100～150字设计说明。

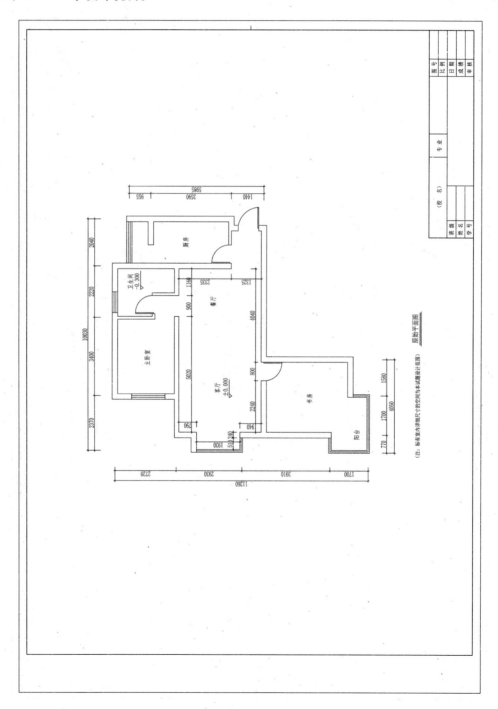

图 2-145

26.题号：2-1-26 试题：大学政治教授家居空间客厅设计

任务描述：某装饰公司承接了一个家居空间室内设计项目，户型特征、面积见附图（图2-146，原始天花图见图2-52）。业主为一对中年夫妇，职业均为大学政治教授。请根据所提供的附图和相关信息，针对其空间（客厅和餐厅），完成手绘平面布局图及手绘效果图一套，要求写出100～150字设计说明。

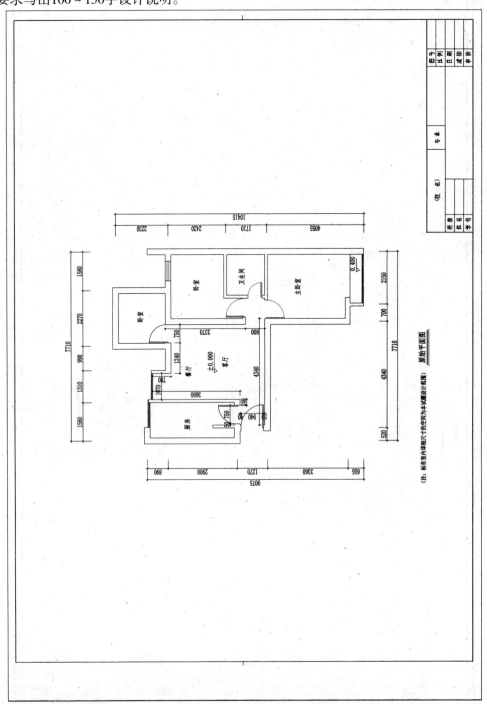

图 2-146

27.题号：2-1-27 试题：室内设计师家居空间客厅设计

任务描述：某装饰公司承接了一个家居空间室内设计项目，户型特征、面积见附图（图2-147，原始天花图见图2-54）。业主为一未婚男青年，职业为室内设计师。请根据所提供的附图和相关信息，针对其空间（客厅和餐厅），完成手绘平面布局图及手绘效果图一套，要求写出100~150字设计说明。

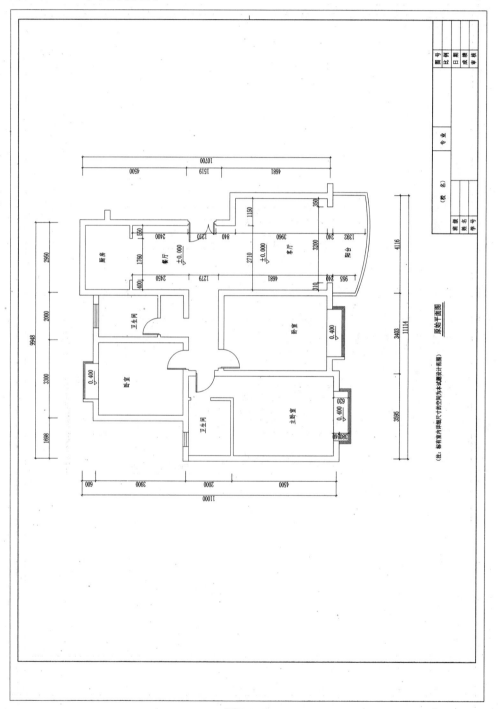

图 2-147

28.题号：2-1-28 试题：中学物理教师家居空间客厅设计

任务描述：某装饰公司承接了一个家居空间室内设计项目，户型特征、面积见附图（图2-148，原始天花图见图2-56）。业主为一未婚男青年，职业为中学物理教师。请根据所提供的附图和相关信息，针对其空间（客厅和餐厅），完成手绘平面布局图及手绘效果图一套，要求写出100～150字设计说明。

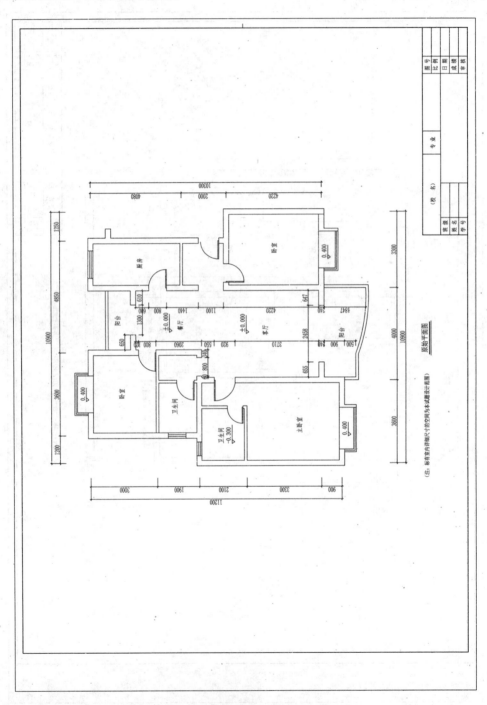

图 2-148

29.题号：2-1-29 试题：电视台主持人家居空间客厅设计

任务描述：某装饰公司承接了一个家居空间室内设计项目，户型特征、面积见附图（图2-149，原始天花图见图2-58）。业主为一未婚女青年，职业为电视台主持人。请根据所提供的附图和相关信息，针对其空间（客厅和餐厅），完成手绘平面布局图及手绘效果图一套，要求写出100～150字设计说明。

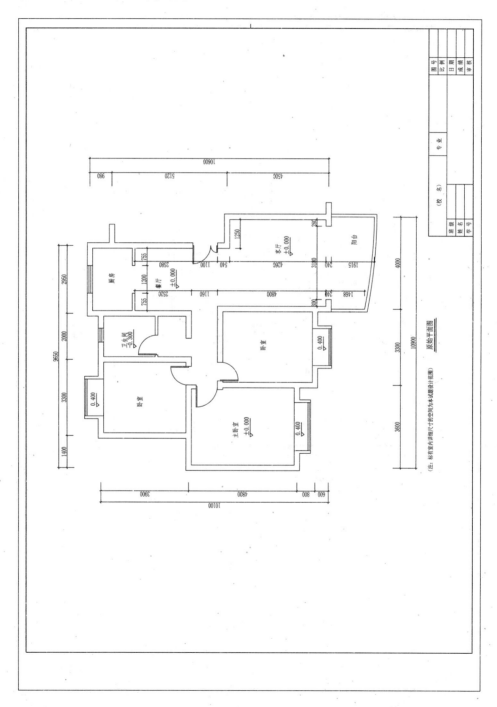

图 2-149

30.题号：2-1-30 试题：报社编辑家居空间客厅设计

任务描述：某装饰公司承接了一个家居空间室内设计项目，户型特征、面积见附图（图2-150，原始天花图见图2-60）。业主为一对中年夫妇，职业均为报社编辑。请根据所提供的附图和相关信息，针对其空间（客厅和餐厅），完成手绘平面布局图及手绘效果图一套，要求写出100～150字设计说明。

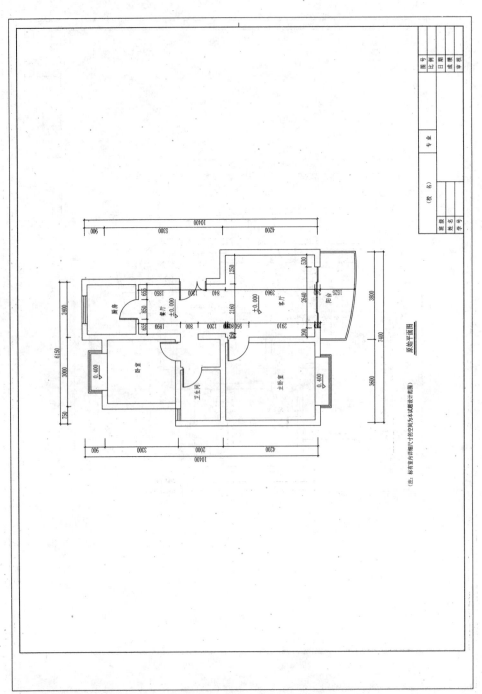

图 2-150

31.题号：2-1-31 试题：**电脑工程师家居空间客厅设计**

任务描述：某装饰公司承接了一个家居空间室内设计项目，户型特征、面积见附图（图2-151，原始天花图见图2-62）。业主为一未婚男青年，职业为电脑工程师。请根据所提供的附图和相关信息，针对其空间（客厅和餐厅），完成手绘平面布局图及手绘效果图一套，要求写出100～150字设计说明。

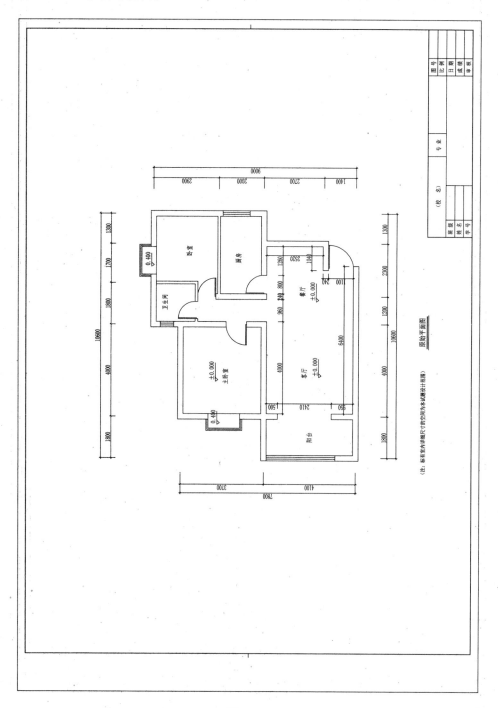

图 2-151

32. 题号：2-1-32 试题：空乘服务人员家居空间客厅设计

任务描述： 某装饰公司承接了一个家居空间室内设计项目，户型特征、面积见附图（图2-152，原始天花图见图2-64）。业主为一未婚女青年，职业为空乘服务人员。请根据所提供的附图和相关信息，针对其空间（客厅和餐厅），完成手绘平面布局图及手绘效果图一套，要求写出100～150字设计说明。

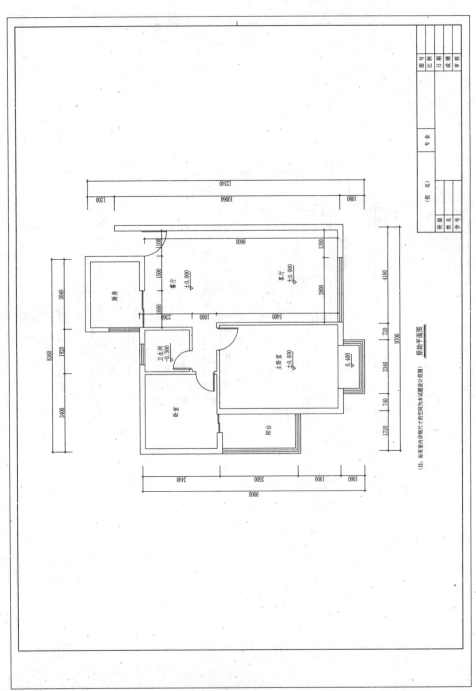

图 2-152

33.题号：2-1-33 试题：工艺品销售商人家居空间客厅设计

任务描述：某装饰公司承接了一个家居空间室内设计项目，户型特征、面积见附图（图2-153，原始天花图见图2-66）。业主为一未婚男青年，职业为工艺品销售商人。请根据所提供的附图和相关信息，针对其空间（客厅和餐厅），完成手绘平面布局图及手绘效果图一套，要求写出100~150字设计说明。

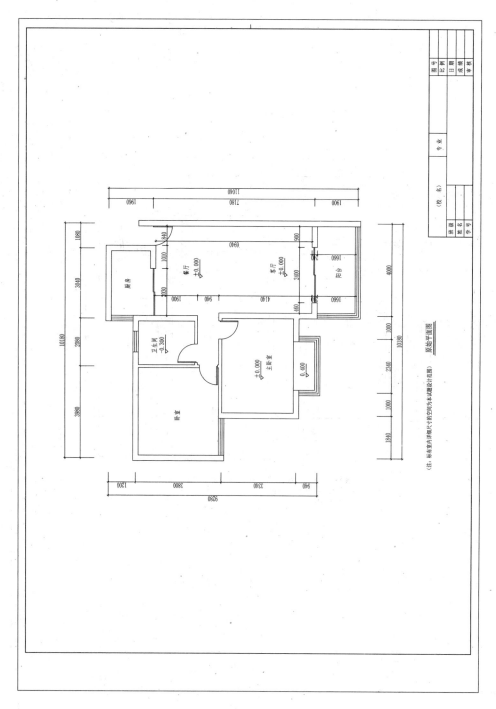

图 2-153

34.题号：2-1-34 试题：涉外导游家居空间客厅设计

任务描述：某装饰公司承接了一个家居空间室内设计项目，户型特征、面积见附图（图2-154，原始天花图见图2-68）。业主为一未婚女青年，职业为涉外导游。请根据所提供的附图和相关信息，针对其空间（客厅和餐厅），完成手绘平面布局图及手绘效果图一套，要求写出100～150字设计说明。

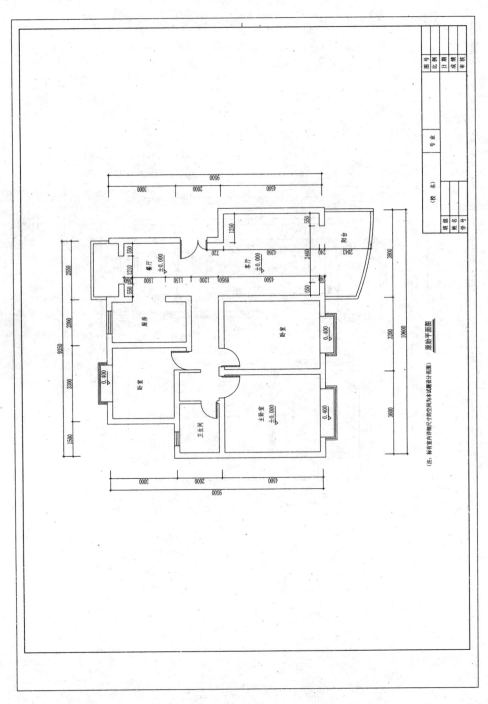

图 2-154

35.题号：2-1-35 试题：地质工作者家居空间客厅设计

任务描述：某装饰公司承接了一个家居空间室内设计项目，户型特征、面积见附图（图2-155，原始天花图见图2-70）。业主为一未婚男青年，职业为地质工作者。请根据所提供的附图和相关信息，针对其空间（客厅和餐厅），完成手绘平面布局图及手绘效果图一套，要求写出100～150字设计说明。

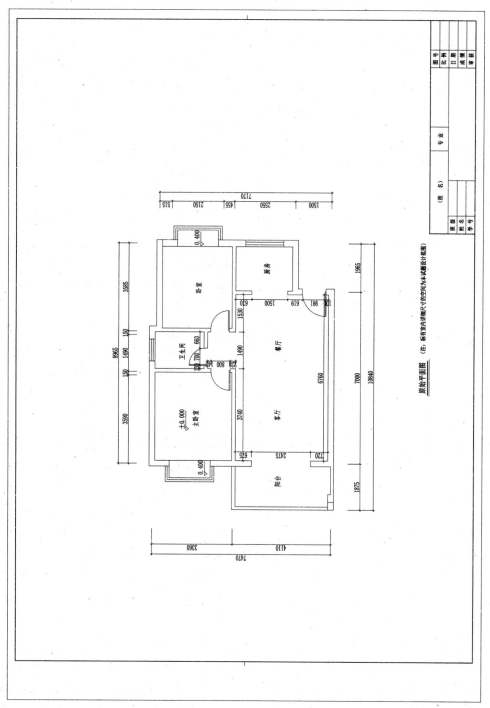

图 2-155

（二）公共空间设计项目

1.题号：2-2-1 试题：某广告设计公司设计总监办公室方案设计

任务描述：某装饰公司承接了某广告设计公司室内设计项目，设计的重点为设计总监办公室，要求具备办公、接待以及展示公司业绩的功能。请根据所提供的附图（图2-71、图2-72）和相关信息，针对其空间，完成手绘平面布局图及手绘效果图一套，要求写出100～150字设计说明。

2.题号：2-2-2 试题：某服装企业会议室方案设计

任务描述：某装饰公司承接了某服装企业办公楼室内设计项目，设计的重点为会议室，要求具备会议及展示公司产品的功能。请根据所提供的附图（图2-73、图2-74）和相关信息，针对其空间，完成手绘平面布局图及手绘效果图一套，要求写出100～150字设计说明。

3.题号：2-2-3 试题：某电信企业会议室方案设计

任务描述：某装饰公司承接了某电信企业办公楼室内设计项目，设计的重点为会议室，要求具备会议及公司形象展示功能。请根据所提供的附图（图2-75、图2-76）和相关信息，针对其空间，完成手绘平面布局图及手绘效果图一套，要求写出100～150字设计说明。

4.题号：2-2-4 试题：某高校领导会议室方案设计

任务描述：某装饰公司承接了某高校办公楼室内设计项目，设计的重点为领导会议室，要求具备会议及高校形象展示功能。请根据所提供的附图（图2-77、图2-78）和相关信息，针对其空间，完成手绘平面布局图及手绘效果图一套，要求写出100～150字设计说明。

5.题号：2-2-5 试题：某销售企业董事长办公室方案设计

任务描述：某装饰公司承接了某销售企业办公楼室内设计项目，设计的重点为董事长办公室，要求具备办公、接待及展示公司产品的功能。请根据所提供的附图（图2-79、图2-80）和相关信息，针对其空间，完成手绘平面布局图及手绘效果图一套，要求写出100～150字设计说明。

6.题号：2-2-6 试题：某动画公司设计部办公室方案设计

任务描述：某装饰公司承接了某动画公司办公楼室内设计项目，设计的重点为设计部办公室，要求具备容纳8名员工办公及接待的功能。请根据所提供的附图（图2-81、图2-82）和相关信息，针对其空间，完成手绘平面布局图及手绘效果图一套，要求写出100～150字设计说明。

7.题号：2-2-7 试题：某运动服装专卖店方案设计

任务描述：某装饰公司承接了某运动服装专卖店室内设计项目，要求具备服装售卖及储存功能，对品牌形象具有良好的展示效果。请根据所提供的附图（图2-83、图2-84）和相关信息，针对其空间，完成手绘平面布局图及手绘效果图一套，要求写出100～150字设计说明。

8.题号：2-2-8 试题：某女式皮鞋专卖店方案设计

任务描述：某装饰公司承接了某女式皮鞋专卖店室内设计项目，要求具备皮鞋售卖及储存功能，对品牌形象具有良好的展示效果。请根据所提供的附图（图2-85、图2-86）和相关信息，针对其空间，完成手绘平面布局图及手绘效果图一套，要求写出100～150字设计说明。

9.题号：2-2-9 试题：某钟表专卖店方案设计

任务描述：某装饰公司承接了某钟表专卖店室内设计项目，要求具备钟表售卖及储存功能，对品牌形象具有良好的展示效果。请根据所提供的附图（图2-87、图2-88）和相关信息，针对其空间，完成手绘平面布局图及手绘效果图一套，要求写出100~150字设计说明。

题号：2-2-10 试题：某眼镜专卖店方案设计

任务描述：某装饰公司承接了某眼镜专卖店室内设计项目，要求具备眼镜售卖及储存功能，对品牌形象具有良好的展示效果。请根据所提供的附图（图2-89、图2-90）和相关信息，针对其空间，完成手绘平面布局图及手绘效果图一套，要求写出100~150字设计说明。

11.题号：2-2-11 试题：某高校计算机房方案设计

任务描述：某装饰公司承接了某高校教学楼室内设计项目，设计的重点为计算机房，要求有讲台、投影仪、音响及空调，能容纳30名学生同时上机。请根据所提供的附图（图2-91、图2-92）和相关信息，针对其空间，完成手绘平面布局图及手绘效果图一套，要求写出100~150字设计说明。

12.题号：2-2-12 试题：某区政府会议室方案设计

任务描述：某装饰公司承接了某区政府办公楼室内设计项目，设计的重点为会议室，要求具备会议功能，需要多媒体设备和音响设备。请根据所提供的附图（图2-93、图2-94）和相关信息，针对其空间，完成手绘平面布局图及手绘效果图一套，要求写出100~150字设计说明。

13.题号：2-2-13 试题：某法院办公楼电梯厅方案设计

任务描述：某装饰公司承接了某法院办公楼室内设计项目，设计的重点为电梯厅，要求具备形象展示功能。请根据所提供的附图（图2-95、图2-96）和相关信息，针对其空间，完成手绘平面布局图及手绘效果图一套，要求写出100~150字设计说明。

14.题号：2-2-14 试题：某化妆品专卖店方案设计

任务描述：某装饰公司承接了某化妆品专卖店室内设计项目，要求具备化妆品售卖及储存功能，对品牌形象具有良好的展示效果。请根据所提供的附图（图2-97、图2-98）和相关信息，针对其空间，完成手绘平面布局图及手绘效果图一套，要求写出100~150字设计说明。

15.题号：2-2-15 试题：某书店方案设计

任务描述：某装饰公司承接了某书店室内设计项目，要求具备售卖及储存功能，对品牌形象具有良好的展示效果，并带有顾客休息区。请根据所提供的附图（图2-99、图2-100）和相关信息，针对其空间，完成手绘平面布局图及手绘效果图一套，要求写出100~150字设计说明。

16.题号：2-2-16 试题：某酒类营销公司会议室方案设计

任务描述：某装饰公司承接了某酒类营销公司办公楼室内设计项目，设计的重点为会议室，要求具备会议及展示公司产品的功能。请根据所提供的附图（图2-101、图2-102）和相关信息，针对其空间，完成手绘平面布局图及手绘效果图一套，要求写出100~150字设计说明。

17.题号：2-2-17 试题：**某营销公司市场部办公室方案设计**

任务描述：某装饰公司承接了某营销公司办公楼室内设计项目，设计的重点为市场部办公室，要求具备容纳8名员工办公及接待洽谈的功能。请根据所提供的附图（图2-103、图2-104）和相关信息，针对其空间，完成手绘平面布局图及手绘效果图一套，要求写出100~150字设计说明。

18.题号：2-2-18 试题：**某宾馆商务单人标准间方案设计**

任务描述：某装饰公司承接了某宾馆室内设计项目，设计的重点为商务单人标准间，除客房应具备的功能外，还要求具备商务办公功能。请根据所提供的附图（图2-105、图2-106）和相关信息，针对其空间，完成手绘平面布局图及手绘效果图一套，要求写出100~150字设计说明。

19.题号：2-2-19 试题：**某区政府领导办公室方案设计**

任务描述：某装饰公司承接了某区政府办公楼室内设计项目，设计的重点为领导办公室，要求具备办公及接待功能。请根据所提供的附图（图2-107、图2-108）和相关信息，针对其空间，完成手绘平面布局图及手绘效果图一套，要求写出100~150字设计说明。

20.题号：2-2-20 试题：**某奶茶店方案设计**

任务描述：某装饰公司承接了某奶茶店室内设计项目，要求具备原料储存、现场制作、产品销售及顾客休息功能。请根据所提供的附图（图2-109、图2-110）和相关信息，针对其空间，完成手绘平面布局图及手绘效果图一套，要求写出100~150字设计说明。

21.题号：2-2-21 试题：**某宾馆双人标准间方案设计**

任务描述：某装饰公司承接了某宾馆室内设计项目，设计的重点为双人标准间，要求客房应具备的功能俱全。请根据所提供的附图（图2-111、图2-112）和相关信息，针对其空间，完成手绘平面布局图及手绘效果图一套，要求写出100~150字设计说明。

22.题号：2-2-22 试题：**某宾馆商务双人标准间方案设计**

任务描述：某装饰公司承接了某宾馆室内设计项目，设计的重点为商务双人标准间，要求客房应具备的功能俱全，同时应具备商务办公功能。请根据所提供的附图（图2-113、图2-114）和相关信息，针对其空间，完成手绘平面布局图及手绘效果图一套，要求写出100~150字设计说明。

23.题号：2-2-23 试题：**某家电销售公司会议室方案设计**

任务描述：某装饰公司承接了某家电销售公司办公楼室内设计项目，设计的重点为会议室，要求具备会议及公司形象展示功能。请根据所提供的附图（图2-115、图2-116）和相关信息，针对其空间，完成手绘平面布局图及手绘效果图一套，要求写出100~150字设计说明。

24.题号：2-2-24 试题：**某装饰公司设计部办公室方案设计**

任务描述：某装饰公司承接了某装饰公司办公楼室内设计项目，设计的重点为设计部办公室，要求具备容纳8名员工办公及接待的功能。请根据所提供的附图（图2-117、图2-118）和相关信息，针对其空间，完成手绘平面布局图及手绘效果图一套，要求写出

100～150字设计说明。

25.题号：2-2-25 试题：某文具用品专卖店方案设计

任务描述：某装饰公司承接了某文具用品专卖店室内设计项目，要求具备文具用品售卖及储存功能，对品牌形象具有良好的展示效果。请根据所提供的附图（图2-119、图2-120）和相关信息，针对其空间，完成手绘平面布局图及手绘效果图一套，要求写出100～150字设计说明。

三、室内陈设设计表现模块

1.题号：3-1-1 试题：某楼盘样板房空间客餐厅陈设设计

任务描述：某软装设计公司承接了一个160m²户型家居空间室内陈设设计项目，户型特征见附图（图2-156、图2-157）。业主定位为五口之家，男主人有45~60岁。请根据所提供的附图和相关信息，自行进行详细的业主定位、色彩分析、风格定位，根据所提供的家具、灯具、饰品等资料完成客厅和餐厅空间效果图一套（注：设计者可根据自己的设计调整资料库中陈设品的材质、纹样、色彩等）。

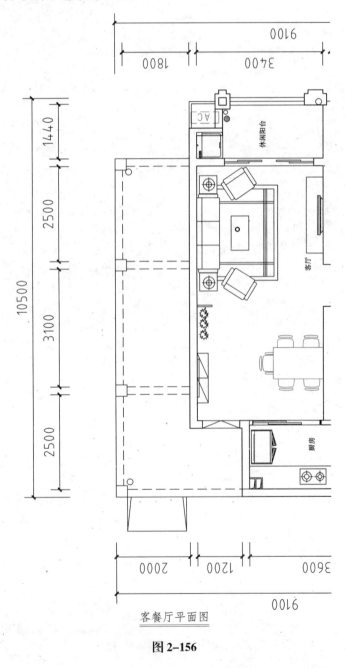

客餐厅平面图

图2-156

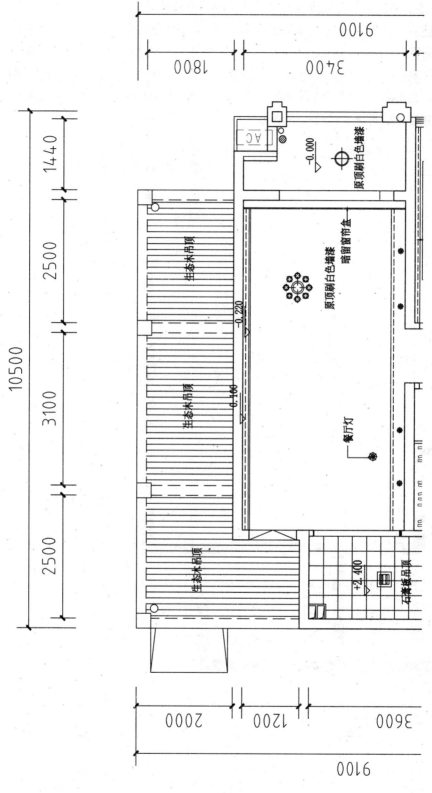

客餐厅天花图

图 2-157

2.题号：3-1-2 试题：某楼盘样板房空间客餐厅陈设设计

任务描述：某软装设计公司承接了一个140m²户型家居空间室内陈设设计项目，户型特征、面积见附图（图2-158、图2-159）。业主定位为四口之家，男主人有35～50岁。请根据所提供的附图和相关信息，自行进行详细的业主定位、色彩分析、风格定位，根据所提供的家具、灯具、饰品等资料完成客厅和餐厅空间效果图一套（注：设计者可根据自己的设计调整资料库中陈设品的材质、纹样、色彩等）。

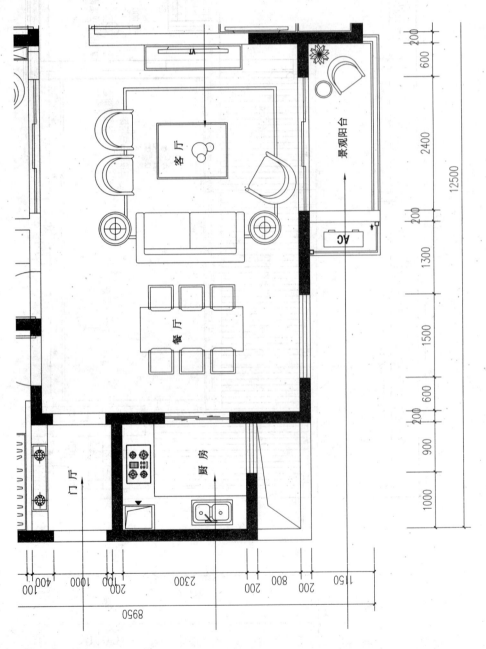

客餐厅平面图

图 2-158

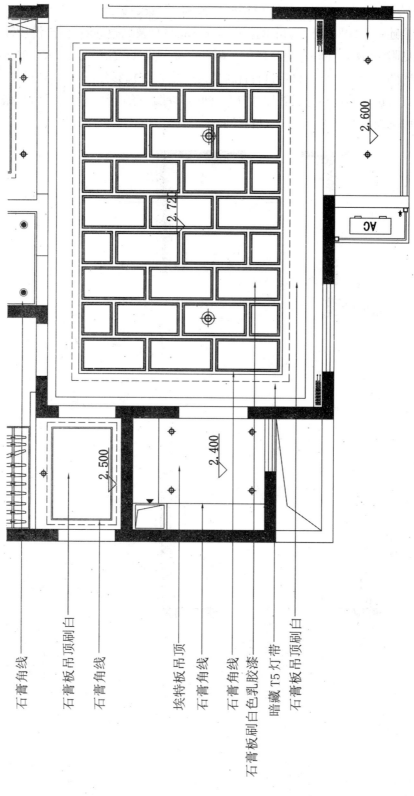

石膏角线线
石膏板吊顶顶刷白
石膏角线
埃特板吊顶
石膏角线线
石膏角线
石膏板刷白色色乳胶漆
暗藏 T5 灯带
石膏板吊顶刷白

2.600

2.720

2.500

2.400

AC

客餐厅天花图

图 2-159

3.题号：3-1-3 试题：某楼盘样板房空间客餐厅陈设设计

任务描述：某软装设计公司承接了一个115m²户型家居空间室内陈设设计项目，户型特征、面积见附图（图2-160、图2-161）。业主定位为四口之家，男主人有30～40岁。请根据所提供的附图和相关信息，自行进行详细的业主定位、色彩分析、风格定位，根据所提供的家具、灯具、饰品等资料完成客厅和餐厅空间效果图一套（注：设计者可根据自己的设计调整资料库中陈设品的材质、纹样、色彩等）。

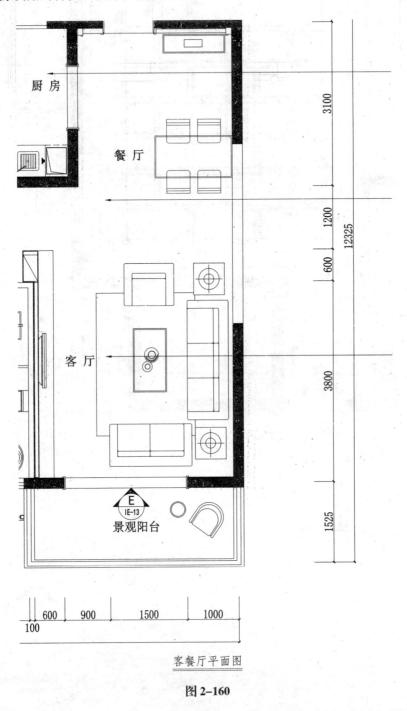

客餐厅平面图

图2-160

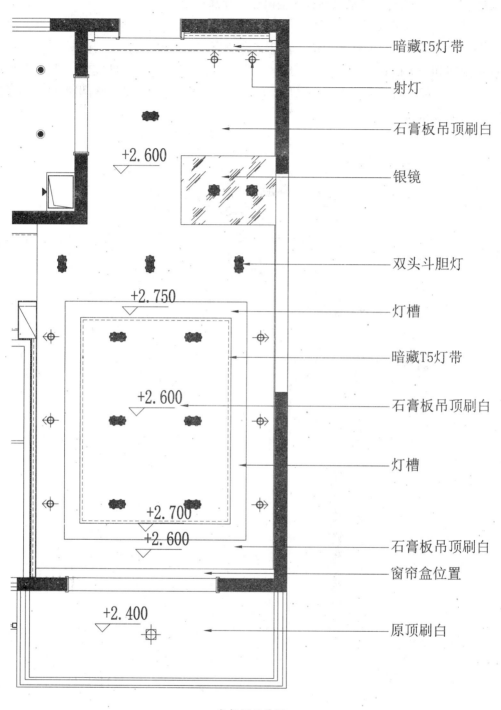

暗藏T5灯带

射灯

石膏板吊顶刷白

银镜

双头斗胆灯

灯槽

暗藏T5灯带

石膏板吊顶刷白

灯槽

石膏板吊顶刷白

窗帘盒位置

原顶刷白

+2.600

+2.750

+2.600

+2.700

+2.600

+2.400

客餐厅天花图

图 2-161

4.题号：3-1-4 试题：某楼盘样板房空间客餐厅陈设设计

任务描述：某软装设计公司承接了一个88m²户型家居空间室内陈设设计项目，户型特征、面积见附图（图2-162、图2-163）。业主定位为三口之家，男主人有25～35岁。请根据所提供的附图和相关信息，自行进行详细的业主定位、色彩分析、风格定位，根据所提供的家具、灯具、饰品等资料完成客厅和餐厅空间效果图一套（注：设计者可根据自己的设计调整资料库中陈设品的材质、纹样、色彩等）。

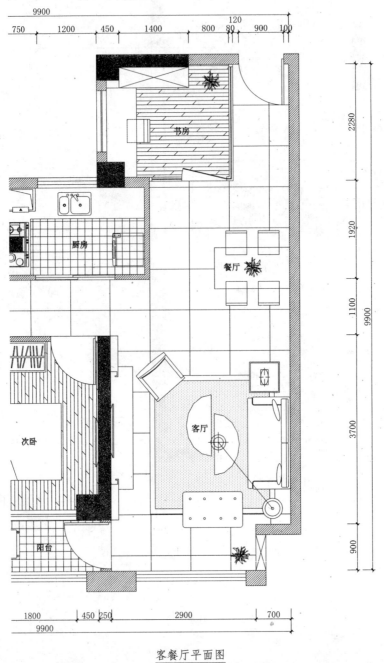

客餐厅平面图

图2-162

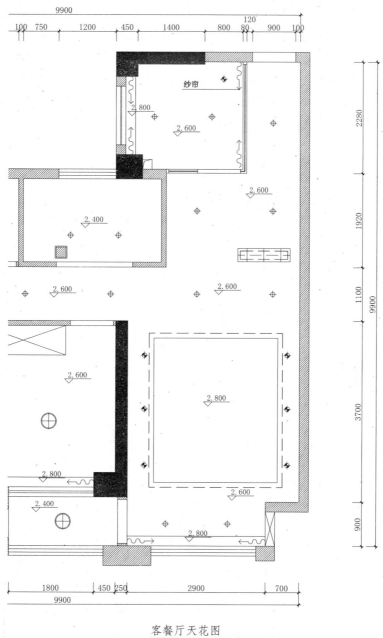

客餐厅天花图

图 2-163

5.题号：3-1-5 试题：某楼盘样板房空间客餐厅陈设设计

任务描述：某软装设计公司承接了一个150m²户型家居空间室内陈设设计项目，户型特征、面积见附图（图2-164、图2-165）。业主定位为四口之家，男主人有30～45岁。请根据所提供的附图和相关信息，自行进行详细的业主定位、色彩分析、风格定位，根据所提供的家具、灯具、饰品等资料完成客厅和餐厅空间效果图一套（注：设计者可根据自己的设计调整资料库中陈设品的材质、纹样、色彩等）。

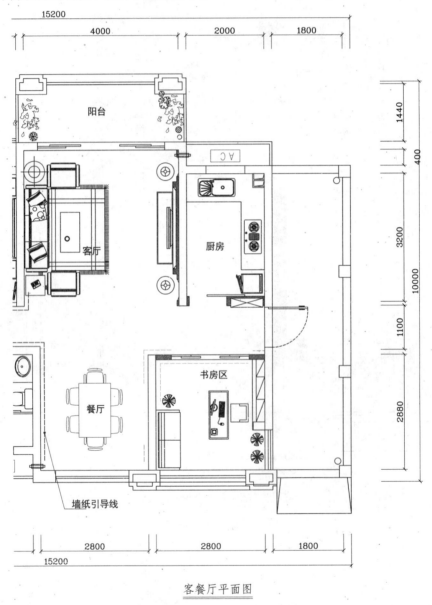

客餐厅平面图

图 2-164

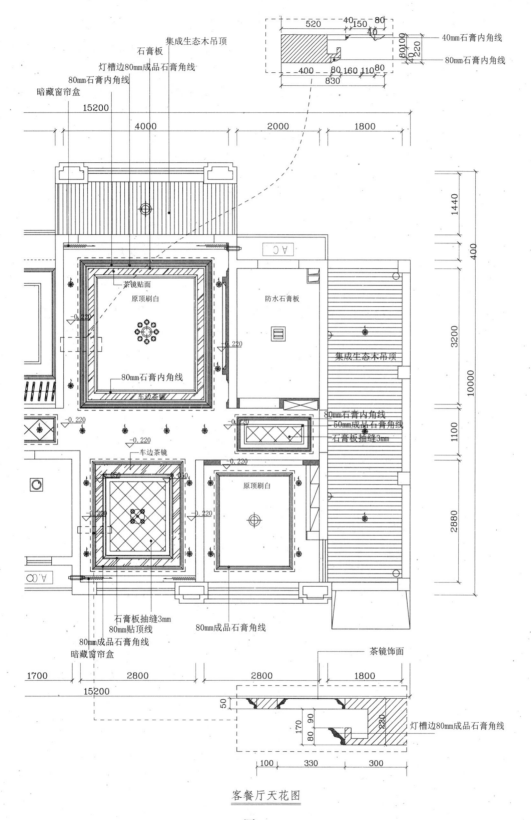

客餐厅天花图

图 2-165

6.题号：3-1-6 试题：某楼盘别墅样板房空间客餐厅陈设设计

任务描述：某软装设计公司承接了一个550m²别墅家居空间室内陈设设计项目，户型特征、面积见附图（图2-166、图2-167），层高为6.15米。业主定位为五口之家，男主人有50~60岁。请根据所提供的附图和相关信息，自行进行详细的业主定位、色彩分析、风格定位，根据所提供的家具、灯具、饰品等资料完成客厅和餐厅空间效果图一套（注：设计者可根据自己的设计调整资料库中陈设品的材质、纹样、色彩等）。

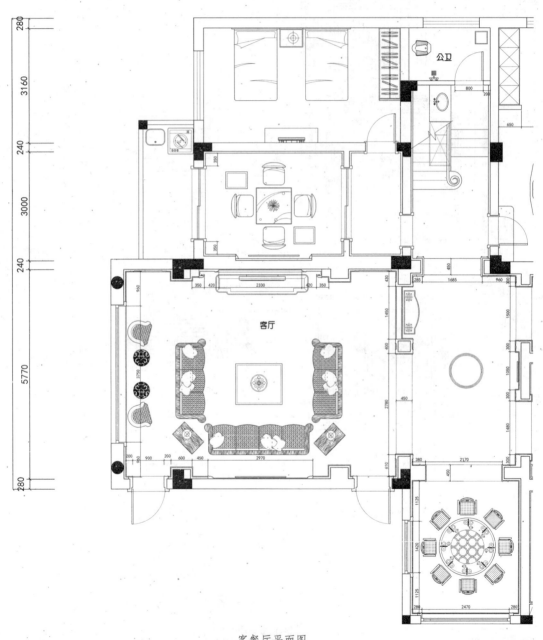

客餐厅平面图

图2-166

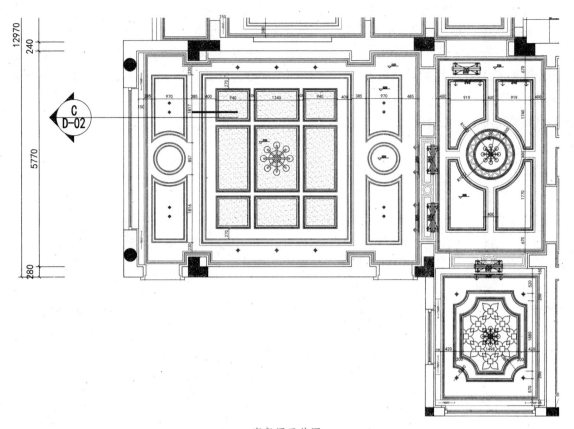

客餐厅天花图

图 2-167

7.题号：3-1-7 试题：某楼盘别墅样板房空间客餐厅陈设设计

任务描述：某软装设计公司承接了一个320m²户型家居空间室内陈设设计项目，户型特征、面积见附图（图2-168、图2-169）。业主定位为五口之家，男主人有35～50岁。请根据所提供的附图和相关信息，自行进行详细的业主定位、色彩分析、风格定位，根据所提供的家具、灯具、饰品等资料完成客厅和餐厅空间效果图一套（注：设计者可根据自己的设计调整资料库中陈设品的材质、纹样、色彩等）。

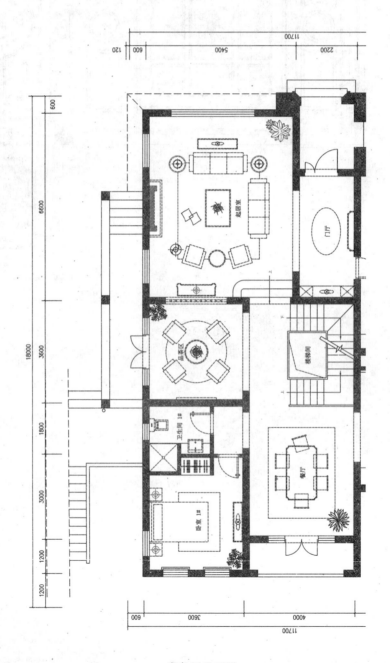

客餐厅平面图

图 2-168

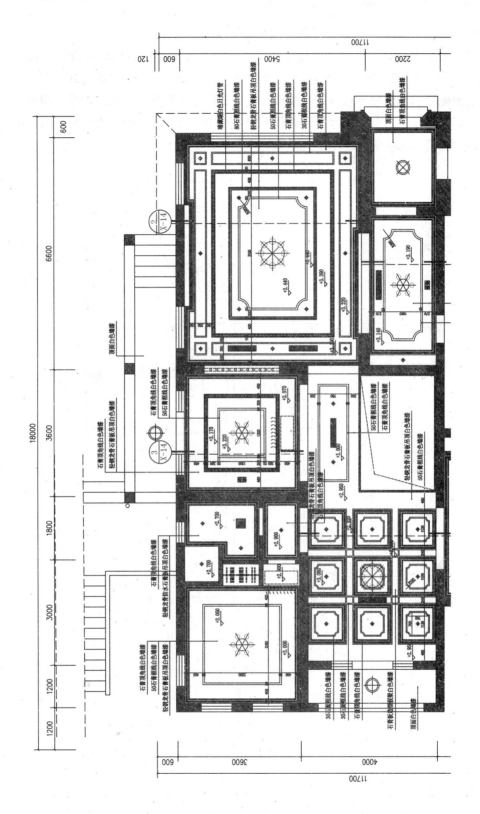

客餐厅天花图

图 2-169

8.题号：3-1-8 试题：某楼盘样板房空间客餐厅陈设设计

任务描述：某软装设计公司承接了一个96m²户型家居空间室内陈设设计项目，户型特征、面积见附图（图2-170、图2-171）。业主定位为三口之家，男主人有20~35岁。请根据所提供的附图和相关信息，自行进行详细的业主定位、色彩分析、风格定位，根据所提供的家具、灯具、饰品等资料完成客厅和餐厅空间效果图一套（注：设计者可根据自己的设计调整资料库中陈设品的材质、纹样、色彩等）。

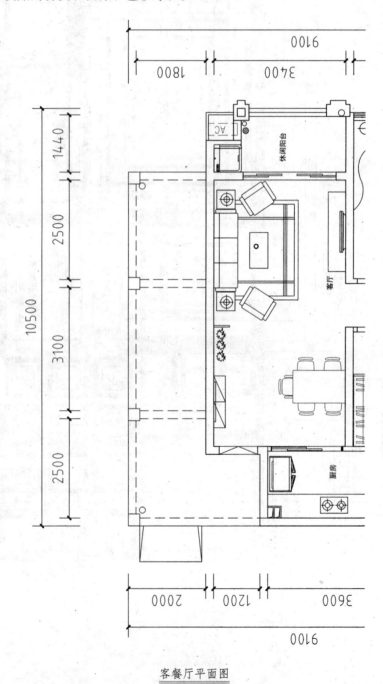

客餐厅平面图

图 2-170

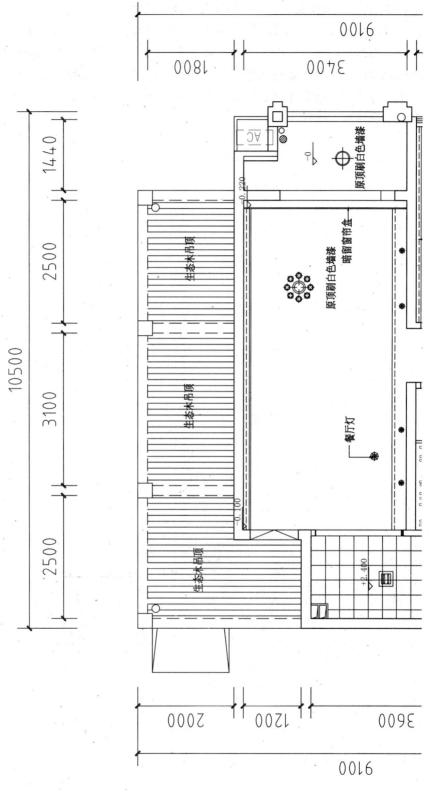

客餐厅天花图

图 2-171

9.题号：3-1-9 试题：某楼盘样板房空间客餐厅陈设设计

任务描述：某软装设计公司承接了一个123m²户型家居空间室内陈设设计项目，户型特征、面积见附图（图2-172、图2-173）。业主定位为三口之家，男主人有25~40岁。请根据所提供的附图和相关信息，自行进行详细的业主定位、色彩分析、风格定位，根据所提供的家具、灯具、饰品等资料完成客厅和餐厅空间效果图一套（注：设计者可根据自己的设计调整资料库中陈设品的材质、纹样、色彩等）。

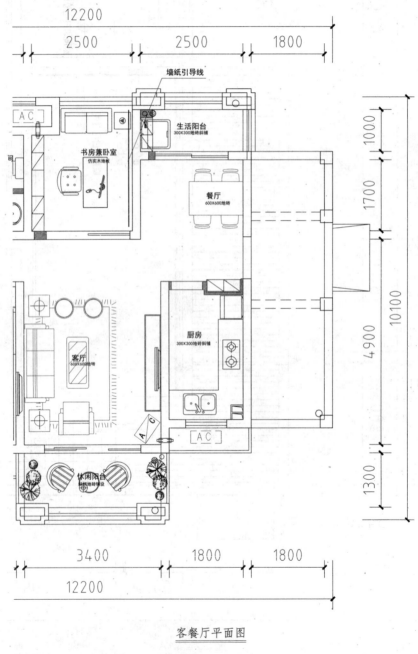

客餐厅平面图

图2-172

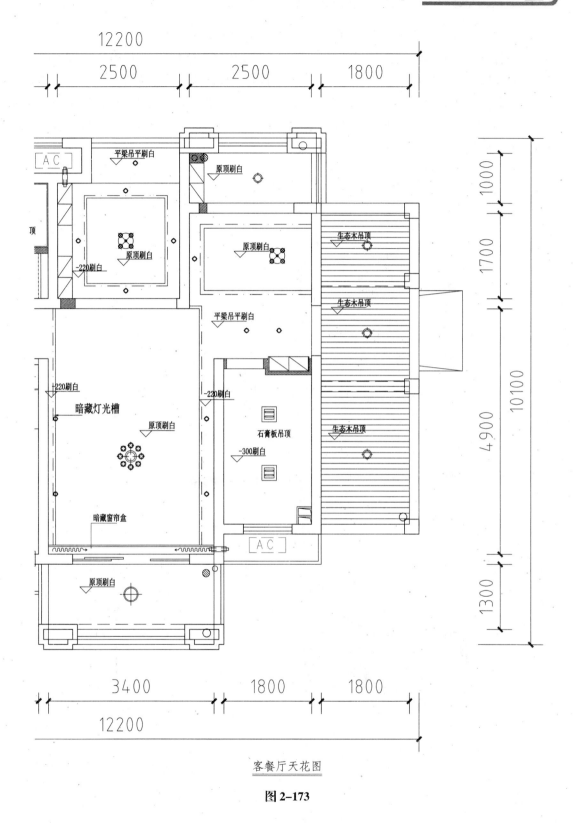

客餐厅天花图

图 2-173

10.题号：3-1-10 试题：某楼盘样板房空间客餐厅陈设设计

任务描述：某软装设计公司承接了一个136m²户型家居空间室内陈设设计项目，户型特征、面积见附图（图2-174、图2-175）。业主定位为四口之家，男主人有30～40岁。请根据所提供的附图和相关信息，自行进行详细的业主定位、色彩分析、风格定位，根据所提供的家具、灯具、饰品等资料完成客厅和餐厅空间效果图一套（注：设计者可根据自己的设计调整资料库中陈设品的材质、纹样、色彩等）。

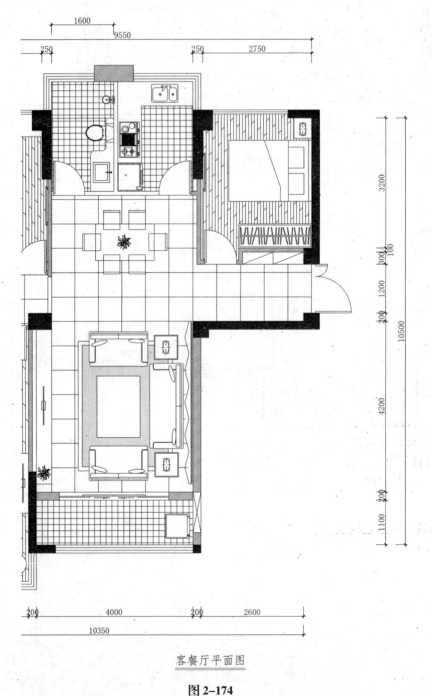

客餐厅平面图

图2-174

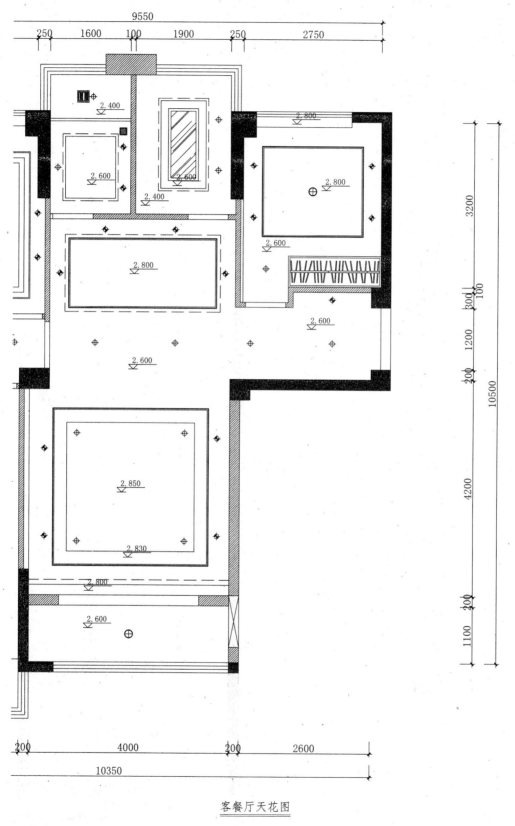

客餐厅天花图

图 2-175